Making Your Own
WINE
at HOME

自酿葡萄酒入门指南

葡萄、水果及植物酿酒的工艺和配方

[美] 罗里·斯塔尔 著

孙立新 赵兰 译

孙方勋 审校

Making Your
Own Wine at Home

Creative Recipes for making Grape,
Fruit, and Herb Wines

中国轻工业出版社

图书在版编目（CIP）数据

自酿葡萄酒入门指南：葡萄、水果及植物酿酒的工艺和配方 /（美）罗里·斯塔尔著；孙立新，赵兰译. —北京：中国轻工业出版社，2017.8

ISBN 978-7-5184-1530-4

Ⅰ . ①自… Ⅱ . ①罗… ②孙… ③赵… Ⅲ . ①葡萄酒 – 酿酒 – 指南 Ⅳ . ① TS261.61–62

中国版本图书馆 CIP 数据核字（2017）第 187353 号

责任编辑：江　娟

策划编辑：江　娟　　　责任终审：唐是雯　　　封面设计：奇文云海
版式设计：锋尚设计　　　责任校对：晋　洁　　　责任监印：张　可

出版发行：中国轻工业出版社（北京东长安街 6 号，邮编：100740）

印　　刷：北京顺诚彩色印刷有限公司

经　　销：各地新华书店

版　　次：2017 年 8 月第 1 版第 1 次印刷

开　　本：889 × 1194　1/16　　印张：10.75

字　　数：100 千字

书　　号：ISBN 978-7-5184-1530-4　　定价：88.00 元

邮购电话：010-65241695

发行电话：010-85119835　　传真：85113293

网　　址：http://www.chlip.com.cn

Email：club@chlip.com.cn

如发现图书残缺请与我社邮购联系调换

161293S1X101ZYW

致　谢

感谢吉姆和桑迪·维特默对本书做出的贡献。

我欣赏库珀农场主的魄力、慷慨和敏锐的商业洞察力。要特别感谢他对我的大力支持，感谢他给我提供庄园内的葡萄用来酿酒。

我真诚地希望，这本书可以鼓励自酿爱好者开始体验自己的酿酒之旅，就像当初的我一样。

还要感谢女儿凯蒂·斯塔尔，因为酿酒把我们的家变成了酒的实验室，并且你每天还要忍受妈妈的抱怨。

译者序

　　葡萄酒和果酒是消费者最喜欢的酒精饮品之一。它们不仅味道醇美，而且有利于人们的身体健康。

　　家庭自酿是指酿酒爱好者自己在家中利用特定的原料、合理的工艺，进行小规模的酿酒。这对大家认识酒文化、增加饮酒知识、丰富人们的生活乐趣具有重要意义。

　　家庭自酿拥有悠久的历史渊源。在欧洲，它的出现曾经推动了不少酒种的发展，时至今日还保留了很多这样的家庭作坊。人们继承了这些传统的做法，有的还形成自己独特的产品风格。在美国，也有许多爱好者大胆创新，发明了众多类型的自酿作品。

　　近几年来，我国也涌现出很多的家庭自酿爱好者。他们中有年轻人也有老年人，有家庭主妇也有白领阶层。从2010年开始到2017年，我连续7届担任了山东省青岛市家庭葡萄酒自酿大赛的秘书长，从参评的样品中可以发现，许多自酿产品不仅是外观、香气和口感方面接近专业水平，而且在典型性方面也有独到之处。但由于受到专业知识和酿造技术的制约，也出现了很多质量低劣的自酿产品。主要表现在：他们使用了不合适的酿酒原料，滥用添加剂，导致酿成的酒难以入口，更甚者挥发酸、甲醇、杂醇油严重超标，严重影响人的身体健康；还有的自酿者在酿酒过程中盲目操作，导致爆炸伤人的事件时有发生，影响了人们的生命安全。另外，家庭自酿只能作为一种业余爱好。在我国，酒类生产和销售都需要经有关部门批准，家庭自酿只能限于爱好者小批量在家中操作。在美国，联邦法律规定，一个两口之家可以每年酿葡萄酒或者啤酒757升（200加仑），一个人的家庭每年可以酿酒378升（100加仑），如果是自己饮用，就不需要提交申请。另外，售卖自己酿造的酒是违法行为。

　　要自己酿酒，首先要学习酿酒的基本理论知识，掌握酿酒的基本工艺，只有这样才能享受到自酿带来的乐趣，才能陶醉于酒文化之中。我们希望为自酿者提供一本了解家庭自酿技术的入门教程，

也希望为正在涉足自酿酒的爱好者铺石引路并带来启发。

　　罗里·斯塔尔女士是美国宾夕法尼亚州兰卡斯特非常有激情的酿酒爱好者。她系统学习了酿酒工艺学和葡萄栽培学，而且在酒庄的发酵季节进行实习，她个人也有200多次的酿酒经验。她是 *Making Award Winning Wines* 的专职编辑。

　　本书通俗易懂，图文并茂，通过各种丰富的图片，揭开了酿酒的神秘面纱。从基本的技术开始，到使用各种水果和植物酿酒的创新，打破了传统的束缚，提供了独特的工艺配方，酿造出众多有典型性的自酿作品。如果你是初学者，这本书会为你提供所需要的帮助，也会让你掌握一门值得拥有的爱好。

孙方勋

2017年6月

引 言

对于从来没有酿造过葡萄酒的人来说，这本书就是一封邀请函或是一本指南手册，而对于有过酿造葡萄酒经验的人而言，这本书也能更好地激发你的创作灵感。如果你和我一样，对这项古老的技艺充满强烈的好奇心又无法满足，而且已经迫不及待地想要开始动手酿酒，那么这本书正是你所需要的。写这本书的目的就是为了让你享受酿酒的乐趣。

首先，我们要探究酿酒所用的基本工具、设备和原料。我们先探讨使用酿酒套装来酿酒的工艺流程，接下来是使用浓缩液酿酒。在酿酒过程中，最有趣的就是在浓缩液中加入葡萄等水果，甚至使用花或者植物酿酒。我会鼓励大家通过不同的方式把酒液混合起来，我也会讲述几个和酒有关的奇遇故事。我们会去市场、果园或者是阿米什族（Amish）妇女的后院去寻找水果，在寻找原料的过程中，我会用相机记录下点点滴滴，因为我经常在摘水果、挤葡萄汁的过程中拍摄，所以在酿酒结束的时候，我的相机总是有黏糊糊的果汁。

希望通过这本书，表达我在酿酒过程中的所想所感，包含大自然对酿酒的影响。还会同你们分享我所发现的每一个小窍门，甚至包括一些因失误而产生的困惑。我鼓励大家创建一个群，彼此分享酿酒过程的感触和酿出的美酒。在这本书中，不仅有传统的酿酒方法，而且在此基础上又提供了新的思路，还会教你享受、品鉴并爱上美酒。

希望这本书可以鼓励你迈出第一步。就像我一样，喜欢享受酿酒过程带来的乐趣。当开启由你酿造的第一瓶酒时，酒香会令你感到陶醉和自豪。

目　录

创意十足的酿酒原料

　　本书以多种多样的自酿酒配方为例，开启美酒酿造之旅。书中将介绍使用酿酒套装、浓缩液和新鲜水果等原料的酿酒工艺。无论你是喜欢霞多丽、雷司令干白还是时尚的果酒，你都会愿意动手去尝试书中提到的29种美酒的酿造方法。

第一部分
酿酒前的准备工作

在酿酒之前，仔细阅读这些基本知识，这样不仅能提高酿酒效率，而且也能省钱、省时、省力。在这一部分，我们会了解到酿酒的设备、主要原料和基本的酿酒方法，以及如何装瓶、储存、分类和制作标签。还将了解到如何种植酿酒所需的原料，同时也会遇到一些各方面的专业人士——例如庄园主、供应商、检验师和设计师，因为他们所做的工作都与酿酒息息相关。

设备

　　首先，需要熟悉酿酒的一些基本术语、设备和所需原料，这看起来好像很复杂，但了解基本的知识之后，就可以开始操作了。

　　酿酒所需的基本设备很简单，如下所述：

　　发酵罐（盛放最初的酒液，也被称为主发酵容器）；

　　储酒罐（盛放酿好的酒液，也被称为二次发酵罐或容器）；

　　酒瓶和软木塞（盛放酿造好的酒）；

　　透明胶管（将酒液从一个容器转移到另一个容器）；

　　带塞的排气阀（在发酵期间保护酒液）；

　　温度计（发酵期间使用）；

　　液体比重计（发酵时使用）。

家庭酿酒的设备，很容易购买，价格也不会很贵

　　如果想深入研究在家酿酒的方法，可能还会需要更多的工具，如天平、量勺，包括一个⅛茶匙（0.5毫升）、过滤袋、长柄汤匙以及搅拌器。厨房里的一些常用工具也可以用来酿酒，如马铃薯搅碎机、量杯、瓶子、软木塞、饮酒用的酒具（将会在第四部分中详细介绍）。另外，加热板也是很重要的工具，如果在酿酒过程中达不到最佳温度，加热板就可以发挥作用。除此之外，在酿酒的过程中，还需要酸液、pH试纸和过滤装置。

　　下面对所需设备做简要介绍。除如何酿酒之外，你会更清楚地了解怎样使用这些设备。在阅读本书后面内容时，如有疑问，可以随时查阅这部分内容。

从左到右，后排为：19升（5加仑）发酵罐，22.8升（6加仑）发酵罐，11.4升（3加仑）发酵罐；前排为：3.8升（1加仑）储酒罐/二次发酵罐，1.9升（1/2加仑）储酒罐/二次发酵罐

酿酒笔记

笔记本、便利贴等也是酿酒必备物品，用它来记录下有关酿酒的材料、设备、成功或者失败的经历，以及任何能够帮助酿酒者提高水平的方法。

主发酵罐

主发酵罐是酿酒过程中发酵的容器。最常见的是22.8升的桶，一定要使用符合食品安全标准的塑料桶，桶旁边要有水位刻度，有带橡胶垫圈的塑料盖。除此之外，也可以用玻璃发酵罐。发酵时酵母会分解糖分，将糖转化为酒精和二氧化碳，二氧化碳需要从容器中释放出来，如果把发酵容器密封得特别严实，会导致容器里的压力过大，容易造成炸裂或者将发酵容器周边弄得一团糟。所以，如果用桶作发酵容器，需要将排气阀安装在用橡胶材料制作的桶孔塞内，这样气体就可由此释放出来。如使用玻璃罐作发酵容器，就需要将盖子稍微倾斜，或者用其他东西支起，确保有缝隙能让气体排出。另外，如果在夏天，可能会招来果蝇，所以我强烈建议，一定要用东西将发酵容器的口部覆盖好。

标有刻度的主发酵容器

二次发酵容器

二次发酵容器是完成主发酵后所使用的容器。正常的规格有：3.8升（1加仑）、11.4升（3加仑）、19升（5加仑）、22.8升（6加仑）和49.4升（13加仑），有的发酵容器形状像一个坛子。二次发酵容器基本上都是玻璃的，一些规格的罐子也有塑料材质的（见16页图）。酿酒的发酵容器不能使用比PET塑料质量更差的材质，绝对不能使用旧奶瓶或者是冷水壶，因为这些塑料的密度不适合储存酒精，甚至可能会出现问题或使酿出的酒混有塑料味。

用玻璃主发酵容器替代塑料发酵容器

大玻璃瓶

大玻璃瓶经常用作二次发酵容器。这种大容器一般是玻璃材质或者是塑料材质的，有锥形瓶颈和小瓶口（见16页图）。

关于度量单位的小贴士

本书对所有的计量单位都进行了公制转换，包括英镑、盎司、加仑、杯量、大匙量、茶匙量和英寸。在不影响酿酒的前提下，我在进行公制换算时会将结果四舍五入，以便大家使用。需要注意的是，有时候在公制转换时并不是那么方便，例如在书中使用的1加仑发酵罐，而在公制中对应的是3.8L，在使用公制的国家中，这个规格的计量就不常使用。所以需要将酿酒器具与酿酒的配方结合起来灵活运用。对于使用公制地区的人来说，需要仔细确认公制转换情况，避免出现问题，以保证结果最佳。

排气阀 桶孔塞和排气阀安装在主发酵容器中 虹吸管
（保证发酵产生的气体可以排出）

排气阀

酿酒过程中产生的气体，可以通过排气阀顺利排出，并且避免外界污染物进入发酵酒液。另外，通过观察排气阀中的气泡，可以清晰地看到气体排出。在这里，可以使用不同样式的排气阀，最常见的是塑料材质的（见上图），我最喜欢塑料材质的排气阀，因为可以看到排气阀中冒泡速度的快慢（我也曾经使用过玻璃排气阀，感觉很不好用，因为一旦玻璃排气阀破碎，碎玻璃渣就会全都掉进酒里）。

桶孔塞

桶孔塞是橡胶材质的，中间有一个孔，通过小孔可以将排气阀插到主发酵容器中。

自动虹吸装置/虹吸管

将酒从一个容器转移到另一个容器，通过利用自动虹吸装置/虹吸管，会使操作变得更容易。在这个过程中，重力是一个重要因素，要把需要转出的酒罐放在高一点的桌子上，把将要转入的酒罐放低一些。自动虹吸装置配有泵，但是如果使用普通虹吸管的话，需要用嘴吸一下虹吸管出口处，也许你会因此喝到一大口酒（酿成后的酒比这个时候要好喝多了）。需要提醒的是，不要在两个容器之间直接倾倒酒液，因为倾倒的过程中，酒液会接触过多的氧气，这样做对酿酒不利。

温度计

温度计是很重要的，它可以用来监控酿酒过程中不断变化的温度。我习惯用20厘米长的玻璃温度计，这种温度计价格便宜，而且在酿酒的过程使用方便。

比重计

液体比重计是一种计量器具，它可以用来计量发酵容器里酒液的酒精含量。如果是初学者，液体比重计更是必不可少的工具。

压塞机

压塞机是把软木塞打进瓶子的设备。建议买一个落地式的，因为手持式很难控制。如果你有喜欢酿酒的朋友有这种设备，不妨借用一下。

装瓶吸管

装瓶吸管是酒液装瓶时不可缺少的设备，由中空管和阀门组成。这个装置很重要，它可以避免酒在装瓶时溢出和防止酒液氧化。使用时按开启按钮，酒液就会流出，松开就会停止。

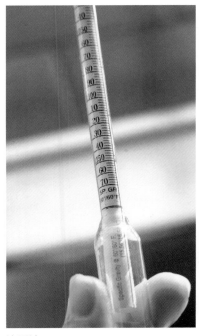
比重计

压塞机

装瓶吸管

破碎机

葡萄酒压榨机

瓶子"树"（洗瓶机）

取酒样吸管

取酒样吸管是一个精巧的小仪器，用于从酒罐中取出少量的酒液做检验或者品尝（最好不要品尝，因为需要保证容器里酒液充足）。

破碎机

破碎机可以用来破碎葡萄、分离葡萄梗。不管是简易的手摇破碎机还是高端的自动破碎机都是处理葡萄的好工具，也可以用手来捏破葡萄。在很久以前，人们会通过脚踩葡萄的办法来达到破碎的效果。破碎机虽然比较贵，但是如果需要处理大量的葡萄，还是要使用它。

榨汁机

榨汁机可以榨出葡萄中的果汁。选择榨汁机的时候，除非是有大量的葡萄需要处理，否则大的榨汁机不一定是最好的，可以直接在酿酒用品商店购买。

折射计

折射计是用来测量葡萄含糖量的仪器。它可以帮助你确认葡萄成熟的时间，判断开始采收和发酵的日期。

洗瓶机

洗瓶机和干瓶架有多种型号，都非常有用。清洁设备在酿酒过程中非常重要。

清洁瓶子用的漏斗

瓶刷

手机软件

过滤网

洗瓶

　　洗瓶工具包括瓶刷，或是带有小不锈钢珠的漏斗，这种漏斗和钢珠可以用来清洁瓶子或者罐子中难以清洁的地方。需要准备几种不同规格的刷子，小号的刷子用来清洁酒瓶，大号的刷子用来清洁发酵用的酒罐。

软件

　　在进行单位换算时，有一些不错的软件可以发挥很大的作用（在我酿酒的过程中，一直在用它进行各种换算）。

过滤工具

　　过滤是一个非常重要的环节。酿酒者经常使用过滤袋包住水果，以便在发酵过程中，将主发酵容器内的酒液向二次发酵容器中分离转移。我在酿酒中不太用到它，因为我经常酿酒，就去市场买了一个本身就有过滤装置的漏斗，这样可以帮助我减少分离转移中的步骤。不过我发现，在处理柑橘类水果的时候，过滤袋确实非常有用，它可以避免果核、果肉等混入果汁中。

原料

在这里，会认识到酿酒要用到的所有必需原料。阅读完这一部分内容后，就可以根据工艺的要求开始酿酒。

水果

首先，需要选择质优、完全成熟并且果实外形完整的水果。如果水果上有坏的地方，在酿酒时要提前切掉。如果在冬天，也可以使用新鲜的、冷冻的、罐装的或是干燥后的水果。虽然新鲜的水果是最佳的选择，但是对于某些水果来说，冷冻的效果反而会更好一些，因为在冷冻的过程中，水果的细胞壁会被破坏，这样果汁会更容易流出来。不过最好是使用自己冷冻的水果，不要购买冷冻好的水果；也可以先用冷冻的水果和某些品种的葡萄试一试。

使用自己选择的水果

独特的花和植物原料

花和植物

　　花和植物可以是酿酒的配料，也可以是主要原料。在后面的工艺配方部分会学到更多关于用花和植物酿酒的方法。

水

　　泉水是最适合的选择，千万不要用蒸馏水或者是去离子水。水可以增加酒的香味，自酿者居住的地方决定了使用的是优质水源还是城市自来水。在部分地区，水里的矿物质含量很高，这可能会破坏酒的味道。同样，有些地区的城市自来水氯化程度较高，需要放置一夜让氯气挥发后才可以使用，但需要注意的是，不是所有的城市自来水都是用氯消毒的，所以不一定都要隔夜放置。另外，放置一段时间的隔夜水有可能会被细菌污染。

糖

　　酵母菌分解糖，产生酒精。酿酒所用的糖最好的是蔗糖，也就是最普通的白砂糖。还有许多其他的甜味物质可以做发酵用：龙舌兰糖、蜂蜜、枫糖、红糖、糯米糖浆或者是麦芽糖。在这本书的酿酒配方中，我建议大家使用纯蔗糖。

酵母分解糖，转化为酒精

酿酒材料不仅需要优质水果，还需要营养素、酵母、坎普登片和其他一些添加剂

酵母

    酵母是发酵的关键，酵母的种类有很多，大多数酵母都分装成5克装的小包。后面的酿酒工艺中会涉及更多关于酵母的知识。

活性干酵母

坎普登片

　　坎普登片是增加亚硫酸盐的简单方式，在酿造酒时，加入少量的亚硫酸盐就可以了。亚硫酸盐可以杀死野生的天然酵母和杂菌，在之后的酿酒工艺中也可以作为防腐剂使用。

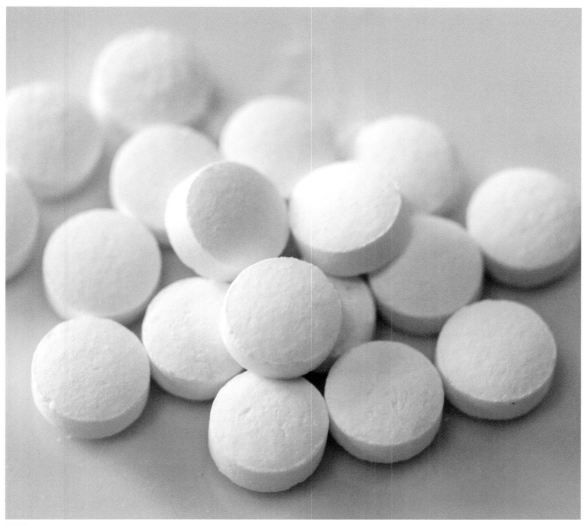

坎普登片

添加剂及作用

添加剂虽然是辅助材料,但是在酿酒中与主要材料一样非常重要。需要购买少量下表中阐述的添加剂,同时要确保能够正确地储存它们。

添加剂通常是小颗粒或者是粉末状

添加剂	用途	成分
偏重亚硫酸钾	偏重亚硫酸钾或者偏重亚硫酸钠具有清洁、防腐以及杀灭野生酵母的作用。偏重亚硫酸钾比偏重亚硫酸钠的防腐效果更好一些。使用这些化学添加剂的时候要非常细心,没有人愿意过多地食用它们。使用之前可以参阅化学添加剂说明书,以便熟悉使用	—
酸	酸性物质在大多数果酒的酿造中都会用到。它可以影响酒的颜色、平衡度、口感,同时提高酒清爽的酸味。如果没有它,酒品尝起来会感觉到很平淡。酸也可以在发酵期间帮助酵母发酵,防止细菌污染	以前在酿酒中通常只使用一种酸液。现在的酿酒工艺经常使用由柠檬酸、酒石酸和苹果酸组合而成的混合酸液

添加剂	用途	成分
单宁	单宁可以增加酒的香味，同时澄清陈酿的酒。本书中的酿酒方法用到了单宁粉末。单宁在有些水果中存在，比如葡萄、柿子、蓝莓、石榴、巴西莓和柑橘。但是很多水果都缺少单宁。在酿酒所加的橡木片中，也会溶解入一些木单宁	—
酵母营养素	酵母营养素的作用就像其名称一样，为酵母提供营养。营养素可以提供氮化物，以使酵母正常繁殖、发酵	营养素一般包括食品级尿素和磷酸氢二铵
酵母能量剂	酵母能量剂类似于固醇类的酵母营养素（只是比喻，实际加入的不是类固醇），能量剂包括多种蛋白质和维生素B_1，以保证酵母生长良好、发酵顺利进行	酵母能量剂一般包括磷酸氢二铵、细胞生长因子和硫酸镁
果胶酶	果胶酶在酿造果酒过程中非常有用。本书的酿酒方法使用的是粉末状的果胶酶。在破碎的水果中加入果胶酶之后，可以使果肉浆化，同时使水果中更多营养物质溶解到酒里。果胶酶也可以澄清酒液，如果没有果胶酶，酒液会很浑浊，看上去是乳状的	—
山梨酸钾	山梨酸钾也被称为酒的稳定剂。这种化合物常用在发酵后仍然是甜味的酒，或者是在装瓶时稳定酒甜味时使用（见第46页，后期调整葡萄酒这一节会阐述增加甜味的方法。）山梨酸钾会随着时间的变化而失效，所以在购买时需要咨询卖家使用的数量是多少	—

橡木

橡木片

橡木

橡木是非常好的酿酒材料，它可以使酒的颜色稳定，柔化并且最终形成酒的典型性。不同地方有不同种类的橡木，这些都是可以使用的，其中美国、法国和东欧/匈牙利是酿酒所需橡木的原产国。橡木可以是粉末状、小片、大块、小树枝或者是上面有小孔的大块橡木。但一定要注意添加橡木的使用量，过量添加反而会影响酒的香味，就像谚语"物极必反"，所以一定要注意使用量。

葡萄酒成分调配

葡萄酒成分调配包括调整酒的甜度。可以加一点糖来减少酒中的涩味，同时增加酒的甜度，或者也可以加入糖甜度调节剂，这样能使葡萄酒尝起来更甜一些。但是，在加甜度调节剂的同时，还需要加入一些山梨酸钾，以避免二次发酵。

如果没有购买甜度调节剂，也可以自己制作，用1∶2的比例加入水和糖，水煮开五分钟后得到糖浆。糖浆冷却之后就可以用它来调整酒的甜度了（仍然需要先加入山梨酸钾）。使用甜度调节剂来调整好葡萄酒的甜度，是一个简单有效的办法。

酿酒供应商
维特默一家

　　希望在你附近就有一家为酿造葡萄酒的顾客提供服务的商店。我家距离吉姆和桑迪·维特默的店只有几英里（1英里=1.6千米），这家店专门服务于当地社区自酿葡萄酒爱好者，店里不仅卖葡萄，还有其他各种各样的原料和一些简单易使用的关键酿酒设备。

　　最开始的时候，维特默一家并没有打算经营自酿葡萄酒用品。他们从1973年春天开始，在自家的葡萄园里种植葡萄并卖给酿酒厂，在与一个美国知名酿酒厂产生付款与价格操控的纠纷后，维特默一家在门前的马路上立了一个牌子——"出售葡萄"，他们开始售卖自己种植的葡萄。结果吉姆很惊讶地发现，之前低估了自酿葡萄酒人的兴趣，葡萄的需求量非常巨大。开始时他们只卖葡萄，随后这对夫妻就开始教授自酿葡萄酒的课了，人们经常找他们咨询一些酿酒的建议，同时要一包酵母来开始他们的酿酒之旅。维特默一家意识到这是一个商机，所以他们就开始寻找人们酿酒需要的东西。很快，这家店就发展成了一个品类丰富的酿酒用品供应商店。

　　维特默一家服务的这个自酿葡萄酒的朋友圈由各方面人士组成。桑迪曾告诉我她在这里所遇到的很多有趣的事情，让她最开心的一个小插曲，就是大家对于液体比重计的误解，很多人的液体比重计读数为零，所以这时有人就开始抱怨桑迪卖的液体比重计不显示酒精的含量（实际上这个读数表示的是发酵已经彻底结束，糖已经全部转化为酒精）。回想起过去的四十年，维特默说道：我们在这个过程中学到了很多东西，也结识了很多朋友。我非常高兴结识他们，彼此之间也非常开心！

▶ **注**：吉姆和桑迪·维特默住在美国宾夕法尼亚州的东南部，经营了酿酒用品商店，专门为当地自制葡萄酒社区提供服务。他们有修剪、收获葡萄和酿酒的经验，并能提供重要的建议和丰富的产品。

自己种植原料

无论你是否为种植行家，如果自己拥有一块合适的土地，我强烈建议你种植酿酒需要的原料。对于有创新意识的自酿者来说，浆果、葡萄、花、植物等都可以是酿酒的原料。这一节，会深入地探讨这些原料的知识，通过种植这些原料并获得丰收，然后把它们酿成美酒。这一切都可以在自己家的土地上完成。为了了解这些原料，让我们通过下面的图片来认识它们，看看它们在不同生长阶段的状态。

接骨木莓

接骨木莓美丽的果实吸引了我，而且我发现用它酿成的酒也非常好。在很多国家，这种植物以它的药用价值而著名，我也希望利用这种植物，可以给酿好的酒增添一些奇妙的功效。

葡萄

葡萄叶和葡萄一样让我感到兴奋，我喜欢看葡萄叶慢慢地展开变成红色，继而变绿，而绿色的果实也在这个过程中变成美丽的深紫色。

树莓

采摘树莓需要一系列"装备"，至少也要戴着手套，穿着一套旧衣服。反正不管你怎样小心，树莓汁都会粘到你身上。

红醋栗

红醋栗是灌木植物，红醋栗最开始是小巧精致的花朵，随后变成绿色坚硬的小硬果，继而变成好看的红色果实。

大黄

丰满的大黄有好闻的味道，但是大黄的叶子是有剧毒的。那是一种利尿剂（和泻药差不多），同时还有抗炎的成分。大黄必须要炒熟，千万不能食用生的大黄。通常情况下，大黄需要以条状或者片状冷冻保存。

草莓

适合酿酒用的草莓有奥尔布里顿草莓、高山草莓（35页图）、红草莓、邓拉普草莓、早光草莓、帝国草莓、弗莱侧草莓、斯巴克草莓以及甜查理草莓。如果发现野草莓的话，我会把它们添加到酿的酒里，因为这些草莓有浓郁的香味，可以使酒的风味更醇厚。

白里叶莓

在很多地方，白里叶莓长势都很好，非常适合作酿酒原料。

野草

我经常在花园里漫步，随手拔一些野草，加入做的饭或者酿的酒中。你也可以试一试！

将接骨木莓加入葡萄酒中，能增添红酒的色泽。可以将接骨木莓酒和葡萄酒混合在一起，或者在酿酒前将
两种水果直接混合

葡萄

葡萄：种植葡萄肯定是个挑战，但是自己种植葡萄也会收获颇丰（更多关于葡萄酒的信息，参照108页）

树莓

树莓：树莓酒相当浓烈，可酿成甜酒，风味令人印象深刻（参照146页的工艺配方）

红醋栗

纯红醋栗酒酸味较浓，可以将红醋栗和覆盆子混合，然后酿制成轻柔、新鲜的酒
（参照104页的工艺配方）

大黄

大黄是草莓桑格利亚汽酒的理想配料（详见152页）

草莓

草莓可以加入任何酒中，以增添酒的风味。要提前确定是否要将草莓种子留下或者去除，因为它会影响酒的风味（参照148页的工艺配方）

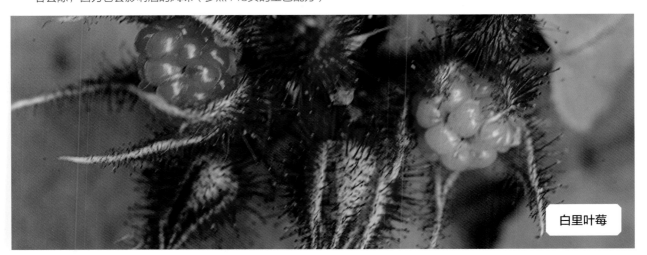

白里叶莓

白里叶莓酒与黑莓酒和树莓酒相似，都是红色的酒液，可以与黑莓或树莓混酿（参照96和146页的工艺配方）

野草，大自然的馈赠

尽管野草经常被认为是讨人厌的，很少有人用野草酿酒，但是可以进行尝试，可能会给你带来意想不到的惊喜

自己种植酿酒原料
——艾利克斯·威戈

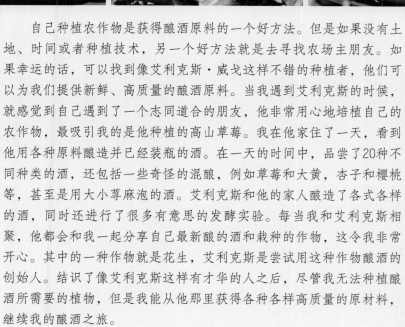

　　自己种植农作物是获得酿酒原料的一个好方法。但是如果没有土地、时间或者种植技术，另一个好方法就是去寻找农场主朋友。如果幸运的话，可以找到像艾利克斯·威戈这样不错的种植者，他们可以为我们提供新鲜、高质量的酿酒原料。当我遇到艾利克斯的时候，就感觉到自己遇到了一个志同道合的朋友，他非常用心地培植自己的农作物，最吸引我的是他种植的高山草莓。我在他家住了一天，看到他用各种原料酿造并已经装瓶的酒。在一天的时间中，品尝了20种不同种类的酒，还包括一些奇怪的混酿，例如草莓和大黄，杏子和樱桃等，甚至是用大小荨麻泡的酒。艾利克斯和他的家人酿造了各式各样的酒，同时还进行了很多有意思的发酵实验。每当我和艾利克斯相聚，他都会和我一起分享自己最新酿的酒和栽种的作物，这令我非常开心。其中的一种作物就是花生，艾利克斯是尝试用这种作物酿酒的创始人。结识了像艾利克斯这样有才华的人之后，尽管我无法种植酿酒所需要的植物，但是我能从他那里获得各种各样高质量的原材料，继续我的酿酒之旅。

▶ 艾利克斯·威戈住在宾夕法尼亚州的立提兹市，他很小就在家里的农场学习种植。他研究农作物酿酒的奉献精神与他的丰富经验就是最好的证明。

技术

　　在这一部分，会介绍自酿酒和装瓶的相关技术。同时为下一部分进行酿酒打好基础，这一段会涉及很多知识。

笔记

　　在开始学习酿酒方法时，酿酒笔记和日历是非常必要的。可以随时查看酿酒的步骤，同时确保这个操作是确实可行的（在酿酒早期，时间控制非常重要）。笔记详细地记录下酿酒工艺、开始日期和时间、温度、酵母种类、重量和使用的计量单位。这些信息一定要记录下来。否则，尽管你觉得当时可以记得住这些，但是酿几批酒后，就会记混淆其中的信息和细节。

如果酿酒后没有记录，就会很容易忘记酿酒过程中的细节

选择酿酒场所

　　首先，最理想的酿酒场所应该是没有光线直射的地方，因为酒适合在黑暗或者光线昏暗处发酵。其次，发酵周边千万不要存放任何正在发酵的其他食材（比如说发酵咸菜、德国泡菜等），因为这些发酵食品很可能会影响酒液。同样，在发酵的房间里，也不要储放醋。最后，还有一点需要提醒的是，有时候发酵的酒液可能会失手洒出来，所以发酵场地需要方便清理，而且还要将酒容器放置在安全牢固的地方。

　　温度是酿酒中非常重要的因素之一，特别是在发酵初期，需要保持恒温，在18~21℃最佳，但是酿造需要低温发酵的白葡萄酒除外。要注意的是，环境中的温度和液体温度是不一样的，液体温度通常比环境温度要低。酵母不适合在温度较低的环境中发酵，所以如果天气很寒冷的话，发酵就会变慢或者停止，需要将发酵容器放在一盆水中加温，使用温度计，随时测量液体的温度是很重要的。

另外，酿酒的过程和人的情绪是密切相关的。如同制作美食，如果一个人能集中精力并拥有良好的情绪，投入烹饪制作中，就会做出美味可口的食物，这是一种必然的结果。对于酿酒者也是一样，自酿者的精神状态很关键，如果思想压力过大，就停下来放松一下，要始终保持清醒的头脑和愉悦的心情来工作。

保持清洁

清洁非常重要。一定要给所有能接触到酒的物品进行彻底消毒，使用任何一种家庭酿酒专用的清洁剂和杀菌剂都可以，但不要使用醋、漂白剂和氨类杀毒剂，也可以使用稀释过的偏重亚硫酸钾（3~5茶匙量，44~75毫升，加入一加仑的水，约3.8升）。需要注意的是，消毒液会随着时间流逝而慢慢失效。需要给存放清洁用品的容器做好标记，不然可能会把它误认为纯净水。我有一个朋友就犯过这个错误，不小心把消毒溶液直接加入酒液里，结果可想而知。

对所有可能间接接触到酒的物品进行清洁杀菌。例如，虽然开罐器不会直接接触到酒液，但它会接触到装有浓缩液的罐头瓶的边缘，所以需要使用偏重亚硫酸钾消毒后使用。还需要提醒的是，在打开罐头瓶之前，用蘸了偏重亚硫酸钾消毒液的卫生纸顺着瓶口擦一圈，这也是为了清洁消毒之用

使用偏重亚硫酸钾给用品消毒

采摘最好的水果、植物、花

清洗和收获原料

在原料部分，我们解释了使用成熟、完整的水果进行发酵的原因。就像烹饪一样，在发酵前也需要洗净水果，以作备用。如果水果需要削皮处理、去核或切成小块，会在后面的工艺部分进行详细说明。水果所有发霉的地方或者有棕色的坏点和腐烂的地方都要切掉，未成熟的水果也不能用。水果干经常会被加入亚硫酸盐成分，所以如果使用水果干发酵的话，需要将其放置一段时间，使亚硫酸盐消散后再进行发酵。这些处理方法对于花和植物一样有效。采摘水果的时间也是有讲究的，最好是在露水蒸发后的上午或者是太阳刚落山的午后。

开始酿酒

酿酒刚开始时，需要用温水溶解糖，然后快速搅拌以使糖完全溶解。如果在酿酒的过程中，使用了过多的糖，酵母可能难以完全分解。有时，为了达到更好的效果，我们可以先用少量的糖和水与酵母混合，然后发酵一两天，发酵开始后再加入部分糖和水。使用液体比重计测量的时候，要确保所有的糖都已经溶解，不然可能会造成液体比重计测量数据不准确的情况。

水的质量在酿酒过程中非常重要，还需要确认存放热水的容器是经过彻底杀菌消毒的。我一般会用烧开的水对容器进行杀菌消毒。

加入坎普登片

有的人在自酿的时候倾向于不添加任何化学物品，特别是亚硫酸盐。而我的酿酒方法则是通过加入坎普登片来增加二氧化硫的含量。坎普登片剂需要碾碎，并且让它完全溶解，也可以先把坎普登片放到一杯水中，泡几分钟后，坎普登片会软化，这样碾碎起来会更容易。加入坎普登片之后，要等待二十四小时才可以加入酵母，这样就能完全杀死所有的野生酵母菌，为所选用的酵母提供最好的生存环境，达到最佳效果。

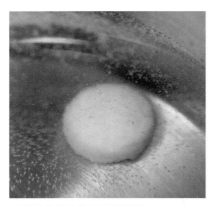

在碾碎之前先软化坎普登片

使用比重计

液体比重计是非常有用的工具，在发酵中会经常用到液体比重计。下面的这些酿酒过程中，也可能会用到：

- 判断发酵前后酒液的比重；
- 判断发酵进度；
- 作为判断停止发酵的信号，例如，如果想酿成甜酒，不想让葡萄酒发酵成干酒或者在后期需要加糖，就应及时停止发酵；
- 预估酒精含量；
- 通过对比发酵开始读数与发酵结束读数，计算酒精的含量。

使用液体比重计测量酒液中的糖含量

液体比重计可以用来测量发酵过程中酒液中的含糖量。测试的液体密度越大，液体比重计浮得就越高。在发酵开始，液体比重计浮得最高，在发酵结束时，浮得最低。液体比重计漂浮的高低会发生变化，这是因为在发酵过程中，糖分慢慢地转化成酒精，导致了液体的密度发生变化。液体比重计有一些刻度，我们要讨论的仅是比重（相对密度），注意其中一个特殊的重力数字，也是最常用的刻度。水的比重为1.000。

在未发酵时，需要在酒液中取样，液体中的任何水果固态物都可能会影响液体比重计的读数。取样时，量筒是非常好用的工具。有的人仅仅用液体比重计来测量读数，但是在这个过程中，一定要保证干净无菌，最好使用玻璃器具。使用液体比重计时，需要先将它放入样品中，确保它可以自由浮动，然后在弯液面的底部读数，对于大部分的酒液来说，起始读数都在1.090到1.040之间，发酵结束时读数在1.000左右（甜酒为1.005，干葡萄酒为0.990）。液体比重计对温度很敏感，需要在恒定温度（15.5℃）下校准，如果未发酵的酒液温度过高，得到的读数会比较低。计算酒精含量（ABV）时，使用液体比重计的初始值减去最终结束值，然后乘以132：

（初始比重–结束比重）×132=酒精含量

在未发酵的果汁中取样—没有悬浮的果肉

搅动醪液，保持果皮湿润

挤压酒帽

一定要确保将酒帽压到容器的液体中，这很重要。通常情况下，在发酵早期，水果的皮肉会浮上来，甚至流出来。如果最开始的时候，没有搅动并且将水果置于液面之下，那么最上面的水果可能会变干或者发霉。所以，至少每天搅动两次，而且一定要小心仔细。可以用消过毒的不锈钢马铃薯搅碎机，或者直接用手，当然一定是干净的，避免污染水果。

酵母生长

酵母在整个酿酒过程中至关重要，它让整个发酵过程变得神秘莫测。通过发酵，酵母将糖转化为酒精（如果酵母足够多，就能转化所有的糖分）。

从词源学的角度来理解"酵母"这个词是非常有趣的一件事。在希腊语、梵文、德语、威尔士语等语言中，酵母这个词多多少少都与"泡沫""气泡""冒泡"或者"沸腾"等意思相关。其实，在许多发酵过程中都会出现上面说到的这些现象。作为酿酒初学者，买到的酵母大多数是小颗粒包装的（5克的酵母，可以做18.9升的酒）。可以将小包装撕开，直接把酵母撒在酒液上面。相反，如果你想用水溶解的话，可以撕开包装，慢慢地在酵母中加入大约50毫升（四分之一杯）的水，温度在37.78～40.55℃，最好用井水或者泉水（不要用蒸馏水或者去离子水）。可以在使用前先用水溶解酵母（通常需要几分钟到十五分钟，以使酵母充分混合），或者可以直接把它们撒到酒液里，并进行搅拌。

酵母就是整个酿酒魔法中的催化剂。它把水果中的糖（或者是一些工艺配方中的水果和糖）转化成酒。

一些酿酒工艺（原料含糖量很高）需要将酵母激活，它是先简单地将酵母溶解激活，然后酵母才能发挥最大作用。我们可以把激活的酵母作为一个更加保险的方法，它可以让酵母更好地发挥作用，使发酵过程彻底且强烈。

为了激活酵母，需要在水溶解酵母之后再加入一点果汁，通常都用鲜榨橙汁，不要用已经杀过菌储存的果汁，因为它会抑制酵母的功效。或者也可以使用一点点酒液，但需要用过滤干净的酒液。另外，注意不要用刚刚加过亚硫酸盐或者坎普登片的酒液。如果已经添加使用了这两种化学品，需要至少等待8个小时或静置24小时。在激活酵母时，要加入一点果汁，让酵母繁殖，然后再连续加入一点果汁。当看到很多泡沫出现的时候，就像卡布奇诺咖啡的上面那样，那就意味着酵母准备充分，就可以发酵了。有的人培养激活酵母会用长达几天时间，我一般就培养几个小时，目前效果还不错。激活酵母也可将水果微妙的味道和香气保留下来。

将酵母放到温水或者直接加到酒液中

不要搅拌水化的酵母

顶部出现许多泡沫意味着酵母可以使用

为了保证发酵顺利进行，在把激活酵母加入酒液之前，可以观察并判断酵母是否可用。如果酵母不能发酵，也没有产生泡沫，就需要再买一包新鲜可用的酵母。

把激活酵母和酒液放置在一个温暖的地方，温度最好控制在21～26℃。最理想的环境是把酵母加入酒液时，酒液的温度和酵母温度差不多。温度低不利于酵母发酵，除非使用的酵母是特殊的耐低温酵母菌，通常这种酵母多用在白葡萄酒的酿造中。

葡萄等大多数水果自身都含有天然酵母。一些酿酒者习惯使用水果中的天然酵母，但是这样做会存在风险。所以需要用坎普登片来减缓或者停止天然酵母的发酵，然后再加入确定能够使用的酵母，产生我们需要的结果。对于自酿初学者来说，后者是最好的方法。

生产酵母的公司有：Lalvin、Red Star和White Labs，这是三家比较知名的公司。我也用过Wyeast家的液体包装酵母，效果也很好。液体酵母使用击打式包装，需要打开外层铝箔纸，再弄破内袋包装，这样就能让酵母开始繁殖。当外袋鼓起时，就可以把酵母加入酒液。Wyeast也有苹果–乳酸发酵菌，它是在第一次酒精发酵完成后，在二次发酵葡萄酒时加入。这样可使酿成的酒口感平衡、柔和，在苹果酸转化为乳酸后，它可以提高某种味道或者香气品质。

本书中的酿酒工艺是选用Lalvin或者Red Star的酵母，因为它们价格较低，而且很容易买到。但这不是唯一的或者是最好的酵母，也可以选择其他酵母。除了水果的种类、水果的特性、酒的甜度，还需要考虑温度、酒精承受力、酵母发酵的速度等因素。有时候如果发酵出现问题，还需要知道下一步需要用什么酵母。

可以从网上查询一些特殊的酵母，可以找到更多具体信息，如，
www.lallemandwine, us/products/yeast_chart.php
www.winemaking.jackkeller.net/strains.asp

酒汁分离

最开始，水果酒的发酵液是浑浊的，随着发酵的完成，杂质会慢慢沉淀，酒汁也会变得越来越澄清，这时就可以进行酒汁分离。

酒汁分离表示将澄清的酒液从一个容器转移到另一个容器。在分离过程中，一定要小心缓慢地操作，不要溅起水花，尽可能把沉淀物全部分离出来。把盛放需要提取液体的容器放置在较高的桌子上，将盛放提取后液体的容器放在处于低处的地板上，这样在重力作用下，就可以轻松分离液体了。需要注意的是，不要将两个容器放在相差不多的水平高度上，这样会花费很长时间完成酒汁分离。

在虹吸的过程中，一定要非常小心。我自己每次在做这个步骤时，都希望能有几个朋友来帮我。有时候莫名其妙，正当液体流过虹吸管时，虹吸管会跳出容器外，酒喷到地板上。

有一条很重要的建议，在把吸虹管放进输入的酒容器里之前，要先给虹吸管酒吸气，这样当虹吸管进入容器后，大量的酒液才能顺着虹吸管分离到另外容器里（你可以多练习几次）。保持虹吸的底部在液体上面三分之一处，随着上面的容器内液体的减少，慢慢地将虹吸管放在贴近容器壁的位置，这样才能保证得到干净无杂质的液体。为了保证得到干净的液体，还需要注意整个过程要保持清洁干净，不要随意放置虹吸软管和容器，否则会很难清洗。

酒汁分离之后，你可能会发现，酒容器内液面的高度比分离前的高度要低。液体可能要低于塞子2.5~4厘米，这就意味着需要进行酿酒者所谓的"添瓶"步骤了。可以把容器加满水或者使用酒液将容器添满。有些自酿者也会用糖水将容器添满，如果想加入这些东西，一定要小心，因为另外加入的糖会增加酵母活性，可能会使液体迅速发酵，导致液体从容器里喷出来。第一次分离酒液，要将其从主发酵容器转移到另外的容器中。如果要提高澄清度，可能还需要进行再次或多次分离酒液的操作。

倾斜容器使得虹吸过程得到更纯净的酒液

在容器底部堆积的沉淀物

用糖来增加酒的甜度是一个不错的选择 在酿酒过程中，可以多次加入橡木

（风味）调整操作

有几样东西，可以用它们来调整酒的味道。

甜酒： 如果希望得到甜葡萄酒，有两种方法可供选择。第一种，可以在发酵过程中，添加山梨酸钾终止发酵（此方法仅限有经验自酿者）；第二种，后期调节甜度，在酒彻底发酵后，加入酒味调节剂或者糖，同时加入山梨酸钾。

使用橡木： 如果想在酒中加入橡木，可以在发酵或者完成大部分发酵之后添加橡木。如果在主发酵容器中加入橡木，可以使用橡木粉末，它可以吸收酒液，然后沉到发酵容器的底部，这样它能够除去杂质，从而得到较为清澈的酒液。橡木的量可以随意添加，但我建议不要加入太多。一般情况下，3.8升的酒液加入4～20克的橡木粉末。

如果在陈酿的过程中加入橡木，最好使用橡木片，3.8升加入14克。在酿酒过程中，可以取出一点酒品尝味道的变化。在分离酒液时，不需要去除橡木。另外，千万不要使用刚刚从树上砍下的橡木！

酿酒学专家
——布鲁斯·佐伊克莱因

如果想研究酿酒中的化学知识，可以认识一下布鲁斯·佐伊克莱因。他的著作《葡萄酒的分析和生产》就是了解酿酒化学的必读书籍。通过这本书，你可以将酿酒技术提高到一个新的水平。布鲁斯·佐伊克莱因被誉为弗吉尼亚州领头的生态学者，回顾他的职业历程，他致力于从事葡萄酒的教学和研究，为弗吉尼亚州的葡萄酒从普通水平达到世界级佳酿做出了杰出的贡献。

布鲁斯建议：每一位酿酒者要从学习酿酒知识开始，不管是商业化的酒厂还是家庭酿酒者都是如此。在开始的时候，酿酒会看起来很复杂，对我们来说很陌生，但是酿酒原理是很简单的。他还建议酿酒者记住：环境卫生很重要，还要注意温度，尤其要避免温度波动，布鲁斯认为我们自身的温度感觉是最棒的工具。记住酿酒过程中要经常进行品尝，这样你可以注意到酒风味的细微变化。他还建议，装瓶时在冰箱里储存少部分的酒样，可以用来对比陈酿酒和没有陈酿酒的差别。我最喜欢他的这个观点——"酒，让我终生学习"，这句话很适合我，我觉得你也会喜欢这条建议的。我珍惜他每一次来信。你可以注册并把自己的名字添加到他的邮件名单里，详见www.vtwines.info。

▶ 注：布鲁斯·佐伊克莱因在这个领域拥有丰富的经验，在弗吉尼亚州酿酒工业发展中发挥着至关重要的作用。他可以为酿酒初学者提供各种帮助，从最专业的技术建议到一些有用的小贴士。

装瓶、储存和标签

决定装瓶

当确认酒已经全部发酵结束，并且澄清稳定，就可以装瓶了。

发酵结束的一个标志是，在最后一次分离酒液时，不会再有很多沉淀物出现。在装瓶前，如果储酒容器存放在阴冷的地方，需要把它移到一个暖和的地方放置几天让酒温回升。要特别注意，温度升高会导致休眠中的酵母复苏而继续发酵。一定不要提前装瓶，要耐心等待，直到适合装瓶的条件成熟。我曾犯过一次错误，酒液发酵还没结束就提前装瓶，结果可想而知。这是一次深刻的教训，之后我花了很长时间来善后。

在装瓶之前，需要清除旧的回收酒瓶上的标签，或者买新的瓶子。最常见的瓶子规格是750毫升的。另外，比较常见瓶子的规格是375毫升、500毫升和容积为1.5升的大瓶，一个大瓶相当于两瓶（750毫升）酒。

在装瓶前，计算需要瓶子的数量。粗略估计，3.8升的酒，可以得到5瓶750毫升的酒。为了保险起见，最好再准备一些小瓶子，以免最后还会剩下一些酒。

装瓶

和朋友一起装瓶是件非常有趣的事。当把所有装瓶的东西都准备好的时候，确保这批酒已经发酵彻底，在无沉淀物的时候装瓶。装瓶需要快速完成，用软木塞封口，要避免酒长时间暴露在空气中，要隔离污染物。

在装瓶前，需要确定是否加入甜味剂或者防腐剂，或者是否需要再次分离澄清酒液（如果在发酵完成后，瓶子里的酒还不够澄清，就需要再次进行分离）。如果需要进行最后一次酒液分离，一定要保证软管、添加物、软木塞、压塞机和容器都已清洗并消毒完毕。另外还要清洗、消毒、沥干瓶子。最后，在装瓶过程中，按顺序操作也非常关键。

在装瓶前，酒和酒瓶应该处于相同的温度，通常是15～21℃。除此之外，准备一个干净的毛巾，避免装满瓶后酒液溢出。使用深色瓶子，很难观察到酒的液面高度，所以一定要在光线好的地方进行装瓶。为了操作顺利，最好有两个人，一个人装瓶，另一个人封木塞。

分离酒或者装瓶使用虹吸管时，要注意轻轻地操作，以防止在这个过程中使酒氧化。装瓶时，酒液面的高度应该位于瓶塞下两指宽即可。操作前要熟悉虹吸管顶端的大小尺寸，酒瓶内液面的高度要接近瓶口的顶端，当灌装管从瓶中移出后，它会吸走部分酒，然后酒面就可以降到理想高度。

酒的高度在软塞下两指宽

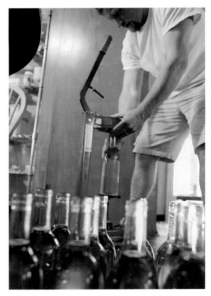

装瓶时最好有两个人，一个人装瓶，一个人封木塞

在装瓶操作时，当容器中一半多的酒液被装完后，轻轻地将容器稍微倾斜，这样容器底部的杂质会沉淀下去，避免虹吸接近底部时出现问题。然后把虹吸管移到容器的边角，以保证能完全吸走酒液。在打瓶塞时，瓶塞的上部尺寸应该在距离瓶口不超过1毫米的位置。

一定要及时在瓶子上做好标记，我最喜欢用冰箱胶带和黑色笔标记。封塞结束后，让酒瓶处于直立或者稍微倾斜的状态，保持几天。这样能使瓶塞稍微膨胀，密封效果会更好。酒瓶要稍微向一侧倾斜，使木塞能完全浸在酒中，但不会渗出。一天后，酒瓶向另一侧倾斜，浸泡另一侧的木塞，然后移至酒窖中。这种方法可能有点夸张，但是我就是这么做的，而且我觉得效果很好。参考第58页使用酿酒套装酿酒的内容，可以看到一些图片，图中展示了装瓶的简化步骤。在酿酒过程中，这个部分实际操作起来并没有听起来那么复杂。

自娱自乐：瓶子"树"

寒风萧瑟，花朵凋零，但是花园里的瓶子"树"依旧色彩艳丽、生机勃勃。我种在花园里的瓶子"树"可以提醒我别忘了酿酒，也能让我享受每天不同阳光闪耀的乐趣。我的瓶子"树"也是一个寒冬中的灯塔，提醒我严冬过去还会有别样的美景。它也让我想起了诗人鲁米的诗句："不要认为森森庭院在冬天就失去了令人心醉神迷的美。它虽然看上去很安静，但是它的根在那儿繁茂生长。"

瓶子"树"总是和传奇故事联系在一起，这些故事赋予瓶子树以魔幻的因素，它能保护所在地安全平静，不受邪恶和伤害。尤其是深蓝色的瓶子"树"，传说拥有治愈心灵的功能，让人"远离悲伤"。瓶子"树"有各种的形状和大小，我觉得它可以装饰美丽的花园。如果有一棵瓶子"树"，我希望它能够给我带来好运。

回收瓶子

我们可以通过各种方式回收瓶子。在这里，我要向我的女儿道歉，因为她曾经说我在邻居的垃圾箱里搜寻瓶子，事实上，有很多人都非常愿意保留自己的空瓶子，然后送给我。如果请朋友帮忙留下空瓶，一定要让他们帮忙把瓶子冲洗干净，因为残留在瓶子上一些脏兮兮发霉的东西让人觉得非常恶心。餐馆、俱乐部、聚会等特殊的场合都是回收瓶子的好地方。我所在的州，酿酒厂是不允许使用回收瓶子的，所以那里会有很多不用的瓶子，尤其是在参加完酒庄举办的活动之后，一定会有很多瓶子。也可以和餐厅协商好，许多用餐者自带酒水去餐馆，用餐结束后就会把瓶子留在餐厅。

收集的瓶子一定要百分百完好无损，千万不要用有裂缝或者有缺口的瓶子。另外，还需要保证瓶子开口处可以打进瓶塞，最好不要用螺旋盖口的瓶子，因为这样的瓶口一般是不能塞入瓶塞的，而且螺旋口瓶子的瓶颈也不够长。

把空瓶子放在纸箱里，保持瓶口向下，这样可以防止灰尘等其他东西落入瓶内。

清除用过的瓶子上的酒标，将温水注入瓶子内，温水可以去掉瓶子内部的黏浊物，也可以将酒标去除。如果这样可行的话，就可以重复这个步骤进行清洗。如果这样不起作用的话，把水倒入不锈钢的锅中，再向锅内加入温水，把瓶子放到水中，这样便可更容易地去除瓶子上的酒标。要注意：有些瓶子的酒标很牢固、不易清洗，那么就可以放弃清洗这样的瓶子了。我已经使用这种方法很多年了，我时常开玩笑说，我判断酒好坏的标准就是看酒瓶的酒标是否容易去除。

软木塞

作为一名家庭自酿者，最好选择软木塞来密闭酒液（重复利用的螺帽式瓶盖和可多次使用的塞子都不是很好的选择，这样做太冒险了）。首先，你需要决定哪种瓶塞适合，通常而言，短的软木塞除适用于375毫升的瓶子外和装瓶后很快就会喝掉的酒；全尺寸的软木塞适用于容积超过500毫升的瓶子。要避免使用边缘是锥形的瓶塞，应选择直角的瓶塞，因为这样的瓶塞可以完全密封整个瓶口。另外，要保证所有瓶子的瓶口相同，适应同一种瓶塞。最后记住不要重复使用螺旋瓶盖。

收集、储存用过的酒瓶，以备下次酿酒使用

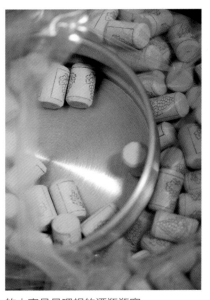

软木塞是最理想的酒瓶瓶塞

压塞机能正确打入软木塞

不同材质的软木塞价格和质量相差很大。颗粒塞和复合塞价格非常低，但是绝对不耐用。最理想的是使用天然软木制作的软木塞。另外，由合成材料制作的合成塞也是一种选择，如果你使用过这种塞子，就会发现它非常好用。制造商一直致力于寻找软木塞的替代品，还在尝试各种类型的木塞。

常见软木塞及使用指南

软木塞尺寸	使用方法
短塞	适用于375毫升的瓶子，装瓶后尽快饮用
全尺寸木塞	适用于500毫升和更大的瓶子，装瓶后酒可长期陈酿储存

软木塞种类	优点
复合塞	价格低
天然软木塞	持久耐用
合成塞	持久耐用

为了使酒看上去更加个性有特点，也可以定制软木塞。如果想让婚礼、纪念日、节日礼物或者特殊场合变得独特，可以制作特殊的软木塞。在网上可以找到很多提供这种服务的店家。

需要估算软木塞所需的数量，并且多准备一些消过毒的软木塞，以防装瓶的数量比预计的瓶数多，或者在装瓶中不小心把软木塞掉在地上。

在使用软木塞之前，需要进行软化和消毒处理，方法有很多种，我在此分享一些我的做法（我开始养蜜蜂时，一位老先生曾告诉我："问十二位养蜂人同一个问题，你会得到十三个答案"。这与解决软木塞的问题道理一样）。我使用了落地式压塞机，它有足够的力量，所以不需要将软木塞软化太多，只要把软木塞浸入亚硫酸盐水中，然后放到消毒锅内即可。如果使用手动压塞机，用热气蒸软木塞使它们软化也是个不错的办法。将水加热煮沸，用水蒸气蒸软木塞，持续几分钟，但是千万不要超过3分钟。

储存

尽管每个人的居住条件不同，但总会找到最理想的地方储酒，以下是最佳储酒场所的条件。

温度：最好储存在10～15℃的环境中，最理想的状态是温度保持恒定。湿度：60%～75%，湿度低会使木塞变干收缩导致酒氧化，如果环境很干燥，可以考虑使用加湿器或者在储存酒的地方放一碗水。储酒的地方要放置一个温、湿度计。光线：酒最好储存在阴暗的地方，阳光直射是绝对禁止的，光会降低酒的质量，影响酒的味道以及导致酒过早老熟。震动：储酒的场所要保持静止，远离任何会发生震动的地方，也不要将酒存放在大型电器附近，例如洗碗机、冰箱，以及其他在工作时会发出震动的设备。其他：远离热源，例如火炉等。

另外一个非常重要的事项是：要避免暴露在有气味的地方，不要有发酵的食物或者醋。甚至要考虑到用于粉刷酒窖的墙面、地板和架子等物品的材质。

酒瓶要横放，瓶子内的瓶塞部分要保持湿润，避免瓶塞干燥收缩而导致酒氧化；要保证酒架能承受足够的重量；要合理布局酒窖，确保能清楚地看到每个瓶子；要妥善排列酒架，存放全部的酒瓶；要做好记录，把一切信息记清楚，这样能帮助你有计划地酿酒。酒窖笔记还能清楚地记录葡萄酒的陈酿情况，了解哪些酒可以饮用，哪些酒需要继续陈酿。

选择储存地点，远离光线、热量和震动

储存酒的理想环境

- 10～15℃
- 阴暗（无阳光直接照射）
- 静止（无震动）
- 无其他发酵现象（例如食物）
- 稳固的架子
- 架子一侧可放置酒瓶
- 整齐

美国联邦酿酒条例

联邦法律规定，一个两口之家可以每年酿葡萄酒或者啤酒757升（200加仑），且自己饮用，一人的家庭每年可以酿酒378升（100加仑）就不需要提交申请。另外，售卖自己酿造的酒是违法行为。你可以咨询当地的商业协会或者农业推广机构，了解更多关于本地酿酒的法律规定。

贴标签

贴标签是家庭自酿过程中最后的一个环节，它可以展示自酿者的艺术创造力。如果想说明酒的内容，给酒贴个标签则是个好办法。

在此，跟大家分享一些我失败的教训，希望你们在酿酒中不会出现我这样的错误。不要在软木塞上面用马克笔写上简单的字（例如，CC代表智利的霞多丽酒），甚至一些各种各样符号，因为时间久了它们表达的意思会模糊混乱。另外，酒可能会从软木塞上渗出来，软木塞上也可能会发霉，会使标记变得非常难认。还有一种方法不建议使用，简单地用不同颜色的箔片包酒瓶，我曾这么做过，最后就很难辨别出每种颜色代表什么意思。

有一个方法是实用有效的，那就是用冰箱保鲜膜标记。酒窖里可能有灰尘、湿气和酒渣（就像我的酒窖，从发酵开始就有这些问题），所以等到最后打算用的时候，把保鲜膜撕下来，除去灰尘、清洗、擦干，然后贴上新标签。

开始设计酒标时，可以去参观酿酒厂、商店及展示很多酒的地方，要仔细观察来自世界各地的酒标，记录下尺寸的大小、标识的内容以及贴在酒瓶上的位置，注意最吸引你的是哪些颜色，还有其他能引起共鸣的成分。

对于制作标签的材料，需要仔细思考一下。打印的防水酒标，即使不小心弄湿了，也很容易看清楚。另外，如果想重复利用酒瓶，还要考虑标签是不是容易被撕掉。

还有很多数码设备可以用来制作标准规格的酒标。在制作酒标时，应该体现出个性化并且有丰富的艺术创造力。

酒标应该体现个性和酒的特点

金姆的画与我的酒标完美契合

黑莓酒酒标　　　梨子酒酒标　　　蓝莓酒酒标

草莓酒酒标　　　猕猴桃酒酒标

艺术家金姆·史密斯为我的酒标，创作了许多艺术作品

酒标创作设计者
——金姆·史密斯

  金姆·史密斯是我的朋友，她人生的许多时光是在艺术创作中度过的。受金姆的启发，我邀请她画酿酒所用的水果。金姆和我一起创作了很多漂亮的、个性化的葡萄酒酒标，我们先设计了不同尺寸和形状的酒标，最后选定了其中一个。我经常酿少量的酒，喜欢用375毫升的瓶子，用常规大小的酒标，而金姆相应地为我创作了更小的酒标。最后，我们用更少的材料做酒标，这对环境和成本预算都很有益处。长的酒标多是通过模糊并抽象水果而得到的漂亮图画。我酿酒的目标是纯净、爽快，并且保留水果的果香成分，所以喜欢金姆的酿酒水果画。你可以通过www.kimmmyersmith.com看到更多她的漂亮作品。

▶从很多种酒标中，来自宾夕法尼亚州东彼得斯堡的艺术家金姆·史密斯和我选择了最右侧的这个，因为它能很好地展示水果的特点，而且小的酒标也非常环保。

第二部分
开始酿酒

对于初学者，开始酿酒时尽量不要去尝试难度较大的干白葡萄酒。在这一部分，首先会学到使用基本的酿酒套装来酿酒的方法。接下来，会学习如何使用浓缩液酿酒。在了解其他酒工艺之前，先熟练使用这两种重要的酿酒方法。除此之外，还会结识著名的酿酒师，他会给你提供一些关于判断发酵状态方面的小建议。

使用酿酒套装酿酒

使用酿酒套装本身不复杂，也很容易学。在以后的酿酒中，都会以酿酒套装为基础，套装的基本原料是水果，通过下面的方法指导，会学习如何使用酿酒套装酿造霞多丽酒。

每一份酿酒套装都包括果汁、橡木、化学品、酿酒方法说明等，所有这些都是酿酒中会用到的物品。加拿大安德烈酿酒公司（Andres Wines）是一个规模很大的酿酒厂，他下属的万士伯公司（Winexpert）生产一系列酿酒套装，其产品质量上乘。他们善于创新，是一家技术领先的酿酒套装生产商。

准备

以下几项非常重要——酿酒场所、时间因素和清洁。

酿酒场所：在发酵场所，温度不能有太大的波动，需要保持在18～25℃。还有一点需要提醒，发酵期间有时候发酵液会溢到容器四周（我在主发酵罐和二次发酵罐的周围都放上了纸巾）从而影响环境卫生。要选择没有阳光直射的地方，同时把容器竖直放到桌子上，这样在分离酒液的时候，就不会受到酒液底部沉淀物的困扰。

时间因素：一定要注意时间，记下做事情的日期、开始和下一步的实施计划，合理安排时间。

另外，年份对植物生长及酿成酒品质都有影响，你会发现消费者不喜欢降雨量大的年份出产的酒。一些传奇、故事和酒文化，这些都是酿酒厂向出口商和买家介绍葡萄酒时的重要内容。

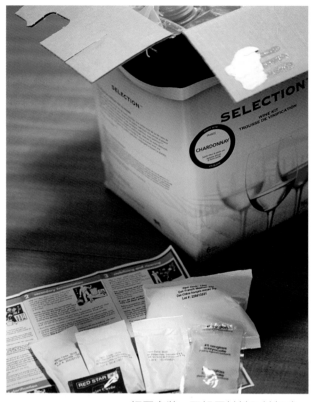

打开套装，了解原材料及其组成。套装有果汁、橡木片、化学品和材料说明

清洁：用酿酒套装、浓缩液或者水果进行酿酒时，清洁的卫生是重要因素之一。对可能接触到酒液的地方要进行反复消毒。

　　打开酿酒套装，会发现所有的小袋物品以及说明。拿出笔记本，写下酒的种类和开始酿酒的日期，以及每一个步骤的时间。

一定要时刻记住消毒

需要的所有原料都在酿酒套装里

■ 步骤一：准备、开始发酵

1 准备几升适合酿酒的水，将它们倒入已经消过毒的锅里，进行加热。当水变热后，将水倒入原来的容器内

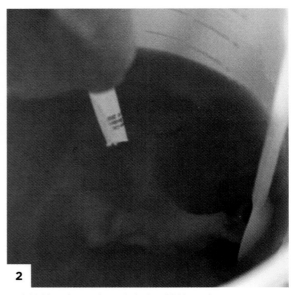

2 用力搅拌，在上面加入膨润土，搅拌30秒

3 加入果汁

4 在袋子里加入一点点温水，然后摇晃它，确保所有果汁都能倒进来

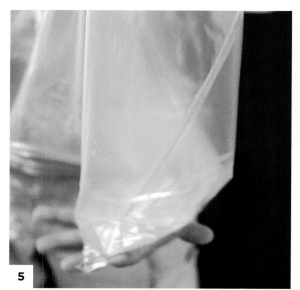

5

把袋子里剩下的液体倒入发酵容器

6

将发酵罐内加入液体，至22.8升的刻度线处

7

搅拌

8

如果有比重计量器，进行取样分析。通常，酿酒套装都会有使用量的范围，所以如果没有比重计量器的话，也不用担心

9

用比重计检测比重

10

如果需要，加入橡木

检查温度，当果汁温度在18~24℃时，打开酵母袋，将酵母撒在果汁的表面，不要搅拌

11

12

盖上主发酵容器盖，不要把盖子密封得太紧，因为酵母发酵产生大量气体，在桶的上面加上排气阀，然后在排气阀内加入水

13

把酿酒套装放在温暖的地方。一两天后进行检查，确保发酵已经开始，会注意到有气泡产生，并且听到它已经开始发酵的声音，气味也开始发生变化

■ 步骤二：分离到二次发酵容器

14

5～7天后，需要开始把酒液从主发酵容器分离到二次发酵容器。以酿酒套装为准，需要一个22.8升的容器。如果用比重计测量，此时的数值应该是1.010或者更低。在开始前，要给比重计、酒瓶、虹吸管、软管、塞子、排气塞等彻底消毒

15

分离：将主发酵容器放置在高处，次发酵容器放在低处，然后开始分离液体。两个容器之间的高度越接近，完成液体分离需要的时间就越长

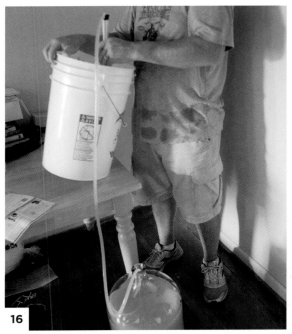

16

在分离一半多的液体后，把桶稍微倾斜。在倾斜分离时，确保上端虹吸管的入口一直处于澄清的液体中，因为这样可以防止液体内的沉淀物转移到二次发酵容器中

17

慢慢地，酒液逐渐接近容器底部，这时将虹吸管口放在桶的角落，保持在沉淀物上面的位置，一直到快要吸到沉淀物为止，扔掉剩余的残渣。这时容器的顶部还有一些空间，不要加满

18

在容器的上面安装一个桶孔塞和水封的单向排气阀，然后将容器放置在温暖的地方。18～24℃是最理想的温度，发酵十几天

■ 步骤三：添加辅料

19

十天后，比重计量器的读数显示符合所选择的酿酒套装要求，酒达到稳定
状态。容器的底部会出现很多沉淀物。同时加入山梨酸钾（以确保发酵不
会再次发生）和焦亚硫酸钾（以提升酒的品质）

20

将溶解的化学物质加入容器中，用力搅拌

21

确保搅拌到底部的沉淀物，让它们悬浮在酒液中

22

可以使用电动钻头的搅拌叶进行搅拌（如图）。勺子也不错，但是需要非常用力才行

23

摇匀明胶袋（以帮助酒液澄清）并加入明胶

24

再次用力搅拌

25

加满容器内的酒液，更换排气阀内的水，每次分离酒液的时候排气阀都要加入水。将酒静置8天

■ 步骤四：分离到干净的玻璃瓶

26

将酒分离到一个干净的容器中。和之前一样，要给能和酒液接触的一切物品进行消毒

27

记住，在液体剩下不多时稍微倾斜酒瓶，将虹吸管移到角落，只分离澄清干净的液体

■ 步骤五：装瓶

在装瓶前，最后一次分离酒液（有时候，如果酒瓶底部沉淀物非常少，就可以省去这一步）。如果在装瓶前，需要补充一些焦亚硫酸钾，这个时候是最佳时机。一定要谨慎使用，宁可少用不可过量。另外，要确保完全溶解，搅拌时要轻柔。

28

保证瓶子绝对干净，最后用焦亚硫酸钾进行冲洗。如果使用的是回收瓶，一定要保证无任何杂质。全新干净的瓶子也需要先冲洗，然后备用

29

在准备装瓶前，要把瓶子中的水沥干。整个过程一定要有序，才能圆满完成装瓶

30

将装瓶机与虹吸管连接到一起

31

装瓶时，一定把装瓶机占据的空间添满液体

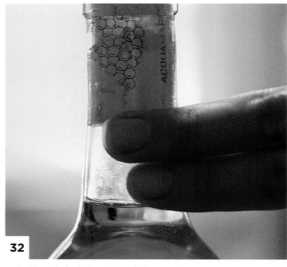

32

理想的酒液高度为酒液和木塞的距离是两个手指宽度

把你喜欢的瓶子集中放到一起，然后
装瓶。这样可以避免多次调整酒瓶塞

33

34 在打木塞之前，用焦亚硫酸钾溶液进行消毒

35 打上瓶塞

　　在使用375毫升的瓶子时，建议在瓶子下面放置一块木板或者一本简装书。一些压塞机在使用时，需要一些支撑。

　　给酒瓶贴标签：如果储存酒的地方很干净，可以用标签或者黑色马克笔写在胶带纸上，然后将封好木塞的酒瓶放置到纸箱内，将纸箱稍微倾斜，使木塞能够与酒液接触，要避免酒液渗出来。放置两天后，再将它们倾斜到另外一面。如果使用的是软木塞，一定要向各个方向倾斜储存，以保证木塞湿润膨胀，避免酒液溢出。

　　以上是使用套装酿酒的全部工艺，下面介绍用浓缩液酿酒。

使用浓缩液酿酒

特殊的酿酒浓缩液是指可以用来酿果酒的浓缩果汁。对于家庭自酿者来说，有很多种类的浓缩液可供选择。因为我习惯酿造醇厚的酒，所以在罐装浓缩液的基础上，经常会加入一些水果。让我们看下面的两个例子。

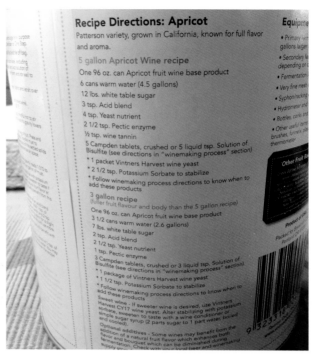

大多数酿酒所用浓缩液，在罐子上面会有简单的工艺配方

也可以在浓缩液的工艺配方基础上，加入一些新鲜水果

■ 李子酒：添加水果到浓缩液

在这个例子中，会学到用李子浓缩液和新鲜李子酿酒的方法，新鲜李子可以提升酒的香味。浓缩液包装上会提供工艺配方。通常，一个包装大约可以酿11.4升或18.9升的酒液，如果想要得到酒体醇厚、口味丰满的酒，就酿11.4升的酒。

1

提前一天准备新鲜水果；将水加热备用

2

选择成熟、无伤痕的水果

3

轻轻地去核

4

将水果放置到主发酵容器内

5

加入温水和坎普登片，主发酵容器盖不要全部盖住，让它处于室温之中。接下来，将浓缩液加入容器内，然后根据标签说明操作

■ 猕猴桃酒：尝试在浓缩液中加入添加物

　　用浓缩液酿酒非常简单，但是我用接下来的例子进行了一些实验，目的是想研究猕猴桃带皮发酵的利弊之处。我本来计划直接用浓缩液酿制猕猴桃酒，但是，我对猕猴桃皮这个"污染因素"，以及加入新鲜水果的浓缩液同纯浓缩液的对比效果，都非常好奇。接下来是我尝试猕猴桃酒的具体情况。

从猕猴桃浓缩液开始，根据罐子上的说明，加上一点糖分来弥补水果糖分的不足，然后酿制13.2升酒液

将浓缩液加入主发酵容器内

加入酵母，进行发酵

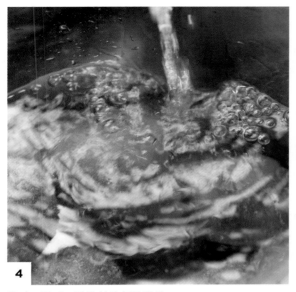

发酵开始后，清洗并准备猕猴桃

一批是带皮的猕猴桃

另一批是去皮的猕猴桃

3.8升猕猴桃浓缩液倒入没有果皮的容器；3.8升猕猴桃浓缩液倒入保留果皮的容器中；3.8升放到单独一个容器内，剩下的放到2升的容器中。这样就有两种酒液：有皮和无皮

8

根据说明，到时间后将主发酵容器酒液分离到二次发酵容器内

9

二次酒精发酵，一个容器内是带皮的猕猴桃，另一个容器内是不带皮的猕猴桃。两个容器都分别加入坎普登片，并各将其分离到3.8升的容器内，补加少量的糖以弥补缺少水果的那部分糖分。用2升的容器内的酒液将容器填满。根据浓缩液上的说明完成酿酒

　　酿成后的这三种猕猴桃酒都非常醇美，用猕猴桃浓缩液酿的酒不如用新鲜猕猴桃酿的酒典型性好，去除猕猴桃皮发酵的酒是我最喜欢的。带猕猴桃皮发酵的酒确实有点小污染。对比一下你的结果是否同我的相似吧。

　　我跟大家分享了这个不同的做法，目的是希望在酿酒时能发挥自己的创造力。如果你正准备酿一批酒，而且想了解橡木对酒有什么影响，那么可以将酒分成两份，尝试两种不同方法，这是一种乐趣。但是要提前做好计划，确保有足够的设备和容器，保证能够容纳所有的酒液。也需要记住，酒精含量高的酒，味道不一定好，所以不要加入太多的水果或者糖。在试验过程中大家会学到很多知识。

发酵的艺术

——本杰明·韦斯

　　用酿酒套装来进行试验，使酿的酒更有个性化。本杰明·韦斯就是这样，在经过数年的研究和实践后，他现在能够根据自己的想法和目标去创作各种各样的混合酒。他是一名资深学者，从事的是教学工作，也是一名热爱葡萄酒、蜂蜜酒和啤酒自酿的爱好者。我第一次遇到本杰明，是在参加他教授的关于植物发酵、蜂蜜和啤酒的课上。

　　我向他请教，关于对初学者发酵时有什么建议？他告诉我，闻一闻发酵味道，如果有酸臭或者酸酸的气味，那说明发酵出现问题。另外，看看发酵醪［观察一下发酵液上面的酒帽（浮在罐内酒液顶部的泡沫和果皮）］，学会区分发霉与发酵。他还说到，你可以根据发酵的时间进行判断，如果发酵速度快，这说明是正常现象。但是如果发酵进行非常缓慢，那就意味着酵母出现了问题。他的建议还有：要享受乐趣，开始学习自酿时要用价格不太贵的原料，直到你积累了足够的经验和自信；对卫生要严格要求，注意控制化学添加剂的使用量。

▶ 来自美国宾夕法尼亚州兰卡斯特的本杰明·韦斯，是一名资深学者，教授发酵课程，他的工作很忙碌，生活很充实，他一直在研究最好、最环保的酿酒方式。

第三部分

葡萄、水果和植物酿酒的
工艺和配方

这一部分内容将把酿酒技术应用到实践中。可以选择任何葡萄品种或其他水果尝试发酵，如果你犹豫不决，无法选择的时候，那就直接选用当季的水果吧！本部分内容会提供29种不同的酿酒工艺和配方，以及符合个人独特口味的建议。另外，你也会了解大规模酿酒发酵的过程——1632千克的葡萄发酵，你还能了解到更多可以添加到酒中的植物。

果酒制作的一般方法

通常，大多数水果酿酒都遵循以下步骤。首先是选择成熟完好的水果，要根据各种工艺配方的不同要求来进行准备，再将准备好的水果放入主发酵容器里。在另一个容器内，将水加热至沸腾，然后把热水和其他材料倒入主发酵容器，但不加酵母。注意：在加入坎普登片之前，要将其完全溶解。

搅拌混合物，以使糖完全溶解，用桶盖或者粗棉布搭盖在发酵罐上，放在温暖的地方静置24小时。然后加入酵母，进行五天的发酵。每天需要搅拌酒液两次，这样才能避免浮在上面的酒帽中的果皮等成分干掉或者发霉。

从有果肉的发酵液中分离酒液，千万不要让液体溅出来。将酒液分离到另外容器的过程中，一定要避免把主发酵容器底部的沉淀物也转移了。分离后用单向排气阀紧紧密封好容器，并将容器放置到稍凉爽的地方，最理想的温度是18℃。

在这一节中提到的所有工艺配方，都适用于3.8升的酒。如果想单次酿造更多的酒，只需要根据具体的酿酒量，相应地增加其他成分的比例即可。

不同的水果有不同的准备方式，这取决于不同工艺配方的要求

标准水果酿酒工艺的后期操作指南

酒后发酵需要三周时间，然后将澄清酒液分离到另外一个干净的容器内。两个月之后再次分离，每3.8升酒液内加入一片坎普登片。之后每个月再分离酒液，直到酒液澄清、底部没有沉淀物为止。这时的酒就可以准备装瓶了。

在最后一次分离酒液时，也可以再加入坎普登片，以保持酒的颜色和味道。但对于初学者来说，注意千万不要过量加入，因为有些人对亚硫酸非常敏感。另外，添加的数量也取决于这些酒的饮用时间，一些果酒在陈酿后品质也不会提高很多，所以最好是在装瓶后一年内饮用。

一定要用完好且成熟的水果

工艺配方的创新

在酿酒过程的每一个步骤中，都可以尝试不同的酿酒方法，用酿酒套装或者成熟水果，任何想尝试的都可以。有一个真实的酿酒历史故事："格拉巴"这种酒，原产于意大利，它就是利用了酿酒的剩余物，把压榨后的葡萄皮渣进行蒸馏而成。要善于创新，例如你想酿造3.8升酒，但是可能由于某种原因没有成功，那么它很有可能就会变成汽水或者桑格里厄汽酒，或者用来烹饪，你也可以在做腌制食物和水果甜点时用到它。所以尝试一下吧，说不定还能创造奇迹。要记录下各种材料的种类和数量，这样当你下次想做同样的东西时，就有章可循了。希望通过下面的一些实验，来激发你的创造力。

实验得越多，越有机会创作更多的美酒

混合发酵：将葡萄和其他水果混在一起发酵。红葡萄和黑莓或者蓝莓的组合会非常好。有时候，我也会用多种水果同葡萄混合在一起发酵。我还做过姜汁酒，味道超级棒。我还保存了3.8升的姜汁酒，想看看它陈酿的过程是怎样的。我还把剩下的姜、梨和树莓等材料都混在一起。

混合风味：我有一个非常不错的尝试，是关于餐后甜酒的制作，你可能会想到我会加入更多的材料以增加酒的香味。我还做过香蕉酒，在从香蕉中提取液体后，我注意到剩下的香蕉还可以使用。所以我决定把香蕉渣和无花果干、梨干混在一起，加入坎普登片8小时后，多加入一点糖，经较长时间的发酵，最后混合酿成7.6升的酒液。在一个下雪的圣诞节夜晚，我决定要创作一种酒，取名为圣诞波尔特酒，我榨取了蓝莓汁，发现这些蓝莓还不错，所以用葡萄浓缩液和一些果干，然后用白兰地勾兑，放在375毫升的瓶子内。几年后，每当我看到圣诞波尔特酒的时候，我会很开心，因为它的口味每年都在提升。

以独特的方式创作混合风味，也可以加入像西芹等其他的成分

勾兑：22.8升的酒液可以先取出19升的酒，在另外的3.8升酒液里加入橡木或者其他材料。把开始的22.8升酒液再分成一份11.4升，三份3.8升。这样的话，最终可以得到四种完全不同的酒，而且在这个过程中，你会学到很多关于口味勾兑的知识。

添加更多的材料：创作全新又不同寻常的风味，让酒的风味在整个酿酒过程中不断发生变化，这是酿酒最重要的一个方面。 我非常喜欢用加利福尼亚的三种红葡萄混酿。我加入了三种在当季被我冷冻起来储藏的浆果——蓝莓、树莓和黑莓。然后，我又加入了三种不同的橡木——美国橡木、法国橡木和匈牙利橡木。有了这三个三——三种葡萄、三种浆果、三种橡木，这样酿出的酒，没有比"三一酒"更适合的名字啦。最终的酒非常醇美，大家都很喜欢。作为一名酿酒新手，最开始你可以只是简单地混合两三种味道，然后再进行更多的创新。

灵活利用酿酒原料资源：最开始的几年，我完全按照工艺配方来酿酒，使用了很多种水果原料。最近，我创造了一些独特的酿酒风格。有时候，我会找一些工艺配方作参考，大致了解一下各种材料需要多少，然后据此进行酿酒。但是，有时候我又不这么做，看看自己还剩下了什么材料，比如水果、果干，有时候为了给朋友送的美食腾出地方，我就会把冰箱里的冷冻浆果拿来酿酒。有时候我的朋友修剪梨树，会送给我很多的梨，或者我去农产品市场，拿来满满5箱树莓，这些快要蔫了的树莓只需要5美金，让人很难拒绝。酿酒真的会慢慢成为生活的一部分，如果你有时间，可以尝试各种各样的发酵和酿酒方法。

无醇饮品

　　本书中，一直没有提到合理饮酒的重要性，特别是对于专职司机来说更是如此。安吉水饮料是一种不错的替代方式，它是我根据一位好朋友的名字而命名的。这种水的具体制作方法是：把一些新鲜的薄荷叶和切片的柠檬、黄瓜混合加入水中，然后静置、饮用。这种饮料在刚制作好后就会非常好喝，放置一段时间之后，味道更佳。

用花和植物来酿酒

富有创造力的家庭酿酒者可以在植物中找到很多优良的酿酒原料。用它们创作各种酒，就像西芹配方那样。这些植物可以用来泡茶，把它们放在热水中，然后发酵过滤后的茶。也可以用它们来增加果酒的味道。如果想直接把花瓣加到酒液中，那么要等到液体发酵几天后，而且是在最强烈的发酵完成之后加入，因为花瓣非常脆弱，如果在发酵最开始就加入，将很难得到完整的花瓣了。一定要完全去除植物的绿色部分——秆、茎、叶。因为它们会使酒液变得很苦，所以要注意这一点。在加入植物或者花之前，要确认这些植物是否安全无毒，自然原材料中有多种有害的化学物质和毒素，有些植物可能会导致过敏，有些则可能导致中毒。

过去，人们没有方法储存过季的食物，常常通过发酵来保存它们。我对酿酒时加入花和植物来酿造加香酒这个想法非常感兴趣。我有过成功（蓝莓甘菊酒就非常醇美）和失败的试验，我再也不会酿造纯薰衣草酒了，但是我肯定还会或多或少用到它，我从《宾根的希尔德嘉》中受到启发，其中一名中世纪的修女，她因为会使用药酒和植物治病而为人所知。

种植和酿酒是联系在一起的，酿酒时把各种植物混合在一起，来弥补其他原料的不足。我喜欢玫瑰酒的香味，但是它的风味却欠缺一些。所以今年我决定酿制草莓玫瑰酒，我以为它们两个混酿，将会有很好的结果。

选择一个天气晴朗、阳光明媚的早晨采收果实，最理想的时间是在露水蒸发之后。要选择处于生长旺盛时期的花或者植物，而不是在刚刚生长或快要衰败时。有时候，会用很多天或者几个星期来采集足够的原料，所以要把它们集中存放在密封良好的容器中，然后冷冻起来，直到收集到需要的全部原料为止。留意采集植物的地点，不要采集到有农药残留的植物，或者是靠近路边因汽车尾气而枯萎的植物。

下面是能够制作美酒的一些植物和花。

玫瑰

玫瑰越多，香味越浓郁，在杏仁酒中添加玫瑰非常棒

薄荷

薄荷能为西瓜酒增添清新的味道

紫罗兰

如果能非常有耐心地采集花朵，可以尝试一些纯紫罗兰酒，或者用它来提高白葡萄酒和苹果酒的品质

香蜂花

香蜂花和树莓酒或蔓越莓酒搭配很好

薰衣草

纯薰衣草酒是不可行的，但是可以将少量的薰衣草加入其他酒配方中，这样可以增加酒的味道

尝试把甘菊加到蓝莓酒里；我已经成功地这样做过了（参照98页的配方）

甘菊

迷迭香

迷迭香会增添蔓越莓酒的风味

丁香花

丁香花可以加到白葡萄酒中

矢车菊

矢车菊适合与梨酒混合

杏仁酒

酿造3.8升杏仁酒所需的材料：

生杏仁，白色的果肉、剥皮的
以及切成小块的　0.3千克；
葡萄干，切开的　0.1千克；
大枣，去核以及
切碎的　0.23千克；
使用柠檬的汁来调味，
除去种子和果肉　2个；
白砂糖　1.13千克；
酵母营养剂　1茶匙（5毫升）；
果胶酶　½茶匙（2.5毫升）；
坎普登片　1片；
水　2.8升
酵母（EC-1118）。

酿造杏仁酒需要多用一些时间，但这完全值得。建议花时间把杏仁皮去掉，如果保留杏仁皮，它会有一些苦涩的味道，将会影响到最终酿成酒的颜色、香气以及口感。杏仁酒是一款非常优美的甜点酒。

准备：将放置杏仁的容器里加入沸腾的热水，时间为60秒，热水可以加快杏仁皮的脱落，这样很容易将杏仁分离下来。倒掉水和分离下来的皮，将杏仁切成小块（如果使用食品加工机，请勿过分处理）。将杏仁和柠檬皮放到水中煮沸，放置一个小时。

方法：将切碎的葡萄干、大枣和糖放入容器里，然后用力挤压过滤液体到另外一个容器中。如果使用的是玻璃容器，需要让液体冷却后再往里倒入并添满，这样可避免玻璃器皿产生炸裂。每次都加一些温的液体让玻璃去适应温度的变化。搅拌直到糖溶解。

当液体冷却后，加坎普登片（⅛片，用30毫升的温水溶解）、柠檬汁以及除酵母外的其他所有酿酒用的材料。

将酵母加到50毫升温水中溶解，静置15分钟。然后把酵母液添加到混合发酵液中。理想情况是，混合发酵液和酵母液应该是同样的温度，21～24℃是最佳的。五天后压榨取汁。

余下步骤见80页"标准水果酿酒工艺的后期操作指南"。

苹果酒

酿造3.8升苹果酒所需材料：

苹果（使用混合品种） 3.63千克；

柠檬果汁，除去种子和果肉 1个；

苹果汁 2升；

糖 0.45千克；

果胶酶 ½茶匙（2.5毫升）；

酵母营养剂 1茶匙（5毫升）；

酵母能量剂 ½茶匙（2.5毫升）；

混合酸 ½茶匙（2.5毫升）；

单宁粉 ¼茶匙（1毫升）；

坎普登片 1片；

温水 2升；

调味料，诸如丁香、姜、肉桂
（可选）；

酵母（香槟酒用酵母）。

苹果酒全部是使用苹果酿造的。Winesap（一种美国晚熟苹果），McIntosh（一种红色苹果），Jonathans（乔纳森苹果，一种红皮的晚秋苹果）都是不错的酿酒苹果品种，用多种不同苹果混酿也是不错的选择，甚至可以用野苹果帮助调味。苹果也可以和其他的原材料一起混酿，我甚至喜欢将苹果和南瓜混酿，同样也可以将苹果和蔓越橘混酿。苹果酒也可用苹果汁酿成，当然这要寻找未经高温消毒且没有防腐剂或添加剂的果汁。

准备：清洗苹果。苹果应该是硬的、成熟的、未腐烂的，如有坏的地方一定要切掉。下一步是粉碎苹果或者切苹果。我是用切苹果的办法，并且还用了苹果汁。

方法：将苹果放入一个容器里。为了防止苹果氧化成褐色，应尽快在苹果中添加柠檬汁、坎普登片（⅛片，用30毫升的温水溶解）、果胶酶及除酵母外的所有的材料并进行搅拌。

24小时之后，将酵母溶解在50毫升温水中，静置15分钟，然后添加到混合液中。理想情况是，混合液和酵母液应该是同样的温度，21～24℃是最佳的。五天后压榨、果汁分离。

余下步骤见80页"标准水果酿酒工艺的后期操作指南"。

杏酒

酿造3.8升杏酒所需材料：

杏	1.36千克；
糖	0.90千克；
果胶酶	1茶匙（5毫升）；
酵母营养剂	1茶匙（5毫升）；
酵母能量剂	½茶匙（2.5毫升）；
混合酸	½茶匙（7.5毫升）；
单宁粉	¼茶匙（1毫升）；
坎普登片	1片；
温水	2.8升；
酵母（香槟酒用酵母）。	

杏酒的味道很好，杏也可以和其他水果一起混酿，而且效果不错。我非常成功地将很酸的樱桃和杏混酿。不过果核（杏、李子、桃子以及杏李）是很难分离清除的。我曾用两种不同的工艺去实验如何使用带有果核的水果去酿酒。但是无论用哪种方式，和其他水果相比，要得到理想澄清的酒是件比较困难的事情。

准备： 洗杏。杏应该是硬的、成熟的、未腐烂的，如有坏的部分一定要切掉。去除核，然后切成薄片、方块或者是捣碎，根据想要选择的工艺，先将它们放在一个容器里。

　　方法一：将所有的水果放在容器里后，加入除酵母外的所有材料并进行搅拌。

　　24小时之后，将酵母溶解在50毫升温水中，静置15分钟，然后添加到混合液中。理想情况是，混合液和酵母液应该是同样的温度，21~24℃是最佳的。三天后压榨、果汁分离。

　　余下步骤见80页"标准水果酿酒工艺的后期操作指南"。

　　方法二：再将所有的水果放在容器里后，加入2.8升的温水和坎普登片（⅛片，用30毫升的温水溶解）。让混合物放置8小时，然后加入果胶酶，搅拌，再让混合液放置3天，一天两次将浮到液体上面的固体打回液体中。用力挤压取汁，然后加入所有的其他原材料，5天后榨取。

　　余下步骤见80页"标准水果酿酒工艺的后期操作指南"。

香蕉加香酒

酿造3.8升香蕉加香酒所需材料：

香蕉
（熟的和过熟的香蕉）　1.36千克；
葡萄干，切开的　0.1千克；
姜调味[1]；
丁香调味[2]；
肉桂棒（我用了一根）；
糖　1.13千克；
酵母营养剂　1茶匙（5毫升）；
酵母能量剂　½茶匙（2.5毫升）；
单宁粉　½茶匙（2.5毫升）；
混合酸　2茶匙（10毫升）；
坎普登片　1片；
温水　2.8升；
酵母（EC–1118）。

　　第一次酿造香蕉酒是因为一些香蕉过了最佳食用时间，我参考了一些书籍上的苹果酒工艺配方。让我最惊喜的是，竟然酿出了一款味道醇美的酒，这种创新让我感到非常高兴。

　　准备：清洗香蕉，把香蕉的尾部切掉。把成熟的香蕉切成4厘米一块，完全成熟的切成1.5～2厘米一块。将香蕉和2.8升的水放在炉子上，用中火轻轻地加热到沸腾，冷却下来后再次沸腾并持续30分钟。

　　方法：如果使用玻璃容器，需将液体冷却后再往里倒入，并加入切碎的葡萄干和1.13千克的糖搅拌溶解。注意：每次都应先使用一些温和的液体让玻璃容器来适应温度的变化。

　　当液体冷却后，加坎普登片（⅛片，用30毫升的温水溶解），然后静置一晚上。确保每天两次将浮在液面的混合物压到液体中。过滤分离液体，然后加入所有的酿酒材料。

　　将酵母溶解在50毫升温水中，静置15分钟，然后添加到混合液中。理想情况是，混合液和酵母液应该是同样的温度，21～24℃是最佳的。香蕉酒发酵4天，然后在分离之前加入生姜和任何想要添加的调味料，一周或两周之内再次分离。

　　余下步骤见80页"标准水果酿酒工艺的后期操作指南"。

---

1. 我使用了大块的姜，尺寸为1.5cm×1.5cm，姜味非常突出，所以不要添加过多，除非你想最大限度地得到姜的味道。
2. 我找来丁香用来加强味道，只使用了3个。使用多少都可以，取决于你个人。

黑莓酒

酿造3.8升黑莓酒所需材料：

黑莓　1.8千克；

糖　1千克；

果胶酶　1茶匙（5毫升）；

酵母营养剂　1茶匙（5毫升）；

混合酸　½茶匙（2.5毫升）；

坎普登片　1片；

温水　2.8升；

酵母（EC-1118）。

黑莓是一种很好的酿酒水果。我喜欢将它和葡萄在一起混酿，并产生了意想不到的结果。黑莓的采收期非常短。在我附近有很多可以自己去采摘的果园，但是因为每次成熟浆果的数量很少，所以需要提前预约。多年来，我已经总结出哪里的水果是最大的和质量最好的。黑莓也可以冷冻，我经常保存部分上半年的黑莓而在冬天用来酿酒。通常我不太习惯酿造甜酒，但是因为黑莓的原因，使我愿意做甜酒。它的酸度没有那么强烈，而且很柔和，这种水果酿酒非常值得推广。

准备： 将黑莓洗干净，黑莓易变软，所以不要耽误时间，不要使用过熟的浆果。一定要去除果梗或者叶子，然后轻轻地破碎水果（注意不要压碎种子）。

方法： 将浆果放在主发酵罐里，加入2.8升的温水和坎普登片（⅛片，用30毫升的温水溶解），4天中，确保每天一次将浮在液面上的混合物压到液体中。

压榨取汁，加糖、果胶酶、营养剂、酸以及所有的混合物。

将酵母溶解在50毫升温水中，静置15分钟，然后添加到混合液中。理想情况是，混合液和酵母液应该是同样的温度，21~24℃是最佳的。5天后分离取汁。

余下步骤见80页"标准水果酿酒工艺的后期操作指南"。如果你决定做甜酒，这款酒是很好的选择，要提前加糖且陈酿1年。

蓝莓酒

酿造3.8升蓝莓酒所需材料：

蓝莓	1.36千克；
糖	1.13千克；
果胶酶	1茶匙（5毫升）；
酵母营养剂	1茶匙（5毫升）；
混合酸（见笔记）	
	1½茶匙（7.5毫升）；
单宁粉	¼茶匙（1毫升）；
坎普登片	1片；
温水	2.8升；
烘烤橡木片（可选）；	
酵母（香槟酒用酵母）。	

蓝莓是最接近葡萄的酿酒水果。蓝莓酒（纯的）是非常醇厚的。我也曾经用蓝莓和葡萄混酿，酿成了非常好的酒，酒散发出一种诱人的莓果复合香味。用蓝莓酿酒是非常有挑战性的，因为浆果中存在一些山梨酸，所以发酵速度和其他水果相比会比较慢。

准备： 洗干净蓝莓，去掉所有的果梗和叶子，然后破碎。

　　方法：将蓝莓倒入主发酵容器。加入2.8升的温水、坎普登片（⅛片，用30毫升的温水溶解）、果胶酶、酵母营养剂、混合酸和单宁粉，混合均匀。静置8小时或隔夜。备注：当蓝莓采摘后，酸的含量会降低，所以蓝莓酿酒也需要添加一些酸。

　　将酵母溶解在50毫升温水中，静置15分钟，然后添加到混合液中。理想情况是，混合液和酵母液应该是同样的温度，21～24℃是最佳的。让所有的混合物发酵持续5～7天，确保每天一次将浮在液面的混合物压到液体中，然后压榨取汁。

　　余下步骤见80页"标准水果酿酒工艺的后期操作指南"。如果你决定做甜酒，那么这款酒是很好的选择且需陈酿1年。

樱桃酒

酿造3.8升樱桃酒所需材料：

樱桃（我喜欢用酸的樱桃，
用你喜欢的品种） 2.7千克；

白糖 0.7千克；

果胶酶 1茶匙（5毫升）；

酵母营养剂 1茶匙（5毫升）；

混合酸 ½茶匙（2.5毫升）；

坎普登片 1片；

温水 2.8升；

酵母（EC-1118）。

选用的樱桃可以是酸的或者是甜的，同时也可以二者搭配。它可以酿甜酒或者干酒。无论你用什么方法，这都是一款非常醇美的酒。去除樱桃核很费时间，所以我建议轻轻将樱桃剥开然后留着核。提示：如果你打算冷藏樱桃，必须先去除樱桃核，否则它会使酒变酸。我虽然有一棵非常酸的樱桃树，但还不能得到足够的樱桃。幸运的是，一个阿米什族的自摘农场就在我家附近，他那有足够的量，弥补了我对樱桃的需求。

准备：清洗樱桃，确保去掉所有的果梗和叶子。许多人尝试着花费时间去掉樱桃核。我试图保留樱桃核，小心仔细地剥开樱桃皮，千万不要破坏里面的樱桃核。

方法：将樱桃倒入主发酵容器里。加入2.8升的温水、坎普登片（⅛片，用30毫升的温水溶解）以及除酵母外的所有的原材料。确保每天一次将浮在液面的混合物压到液体中。

24小时之后，将酵母溶解在50毫升温水中，静置15分钟，然后添加到混合液中。理想情况是，混合液和酵母液应该是同样的温度，21～24℃是最佳的。5天后压榨、果汁分离。

余下步骤见80页"标准水果酿酒工艺的后期操作指南"。如果你决定想做甜酒，那么这款酒是很好的选择且需陈酿1年。

蔓越橘酒

酿造3.8升蔓越橘酒所需材料：

新鲜蔓越橘，用食品加工机慢慢
处理　1.36千克；

切碎的葡萄干　0.23千克；

（我使用了50：50的黑葡萄干和
普通葡萄干）；

橘子的汁，滤去种子和果肉　1个；

柠檬的汁，滤去种子和果肉　½个；

白糖　1.13千克；

果胶酶　1茶匙（5毫升）；

酵母营养剂　2茶匙（10毫升）；

酵母能量剂　½茶匙（2.5毫升）

混合酸　1茶匙（5毫升）；

坎普登片　1片；

温水　2.8升。

发酵开始所需材料：

酵母；

温水　50毫升；

橘子榨出的汁，滤去种子和果肉
3或4个。

蔓越橘酒的外观颜色非常漂亮，我曾经在感恩节的晚宴上享用了这款酒。它是一款外观晶亮、香气清新、口感平衡、酸度适宜的甜酒。它也可以酿成一款很有特色的汽酒。蔓越橘和苹果是很完美的搭配。

准备： 清洗水果，去掉不够成熟和过于成熟的蔓越橘。把蔓越橘破碎（我使用了食品处理机，动作要轻缓）。

方法： 将蔓越橘、切碎的葡萄干、柠檬汁、橘子汁和糖加入主发酵容器里。添加果胶酶、酵母营养剂、酵母能量剂、酸以及坎普登片（⅛片，用30毫升的温水溶解）。搅拌均匀直到所有的东西混为一起。静置所有混合物至少8小时或隔夜。

我专门为这款酒做了一个发酵剂。将酵母溶解在50毫升温水中，静置15分钟。然后加入1个橘子的汁，45分钟后，再加橘子汁，1~2个小时后添加果汁。然后将发酵剂加到混合物中。理想情况是，混合液和酵母液应该是同样的温度，21~24℃是最佳的。所有混合物的发酵时间大概是在5~7天左右，确保每天两次将浮在液面的混合物压到液体中，然后压榨取汁。

红醋栗酒

酿造3.8升红醋栗酒所需材料：

红醋栗　0.9千克；

白糖　1.13千克；

果胶酶　1茶匙（5毫升）；

酵母营养剂　1茶匙（5毫升）；

混合酸　1½茶匙（7.5毫升）；

坎普登片　1片；

温水　2.8升；

酵母（香槟酒用酵母）。

红醋栗需要完全成熟或者外观出现深红色。当它完全成熟的时候果粒很酸。它是一款轻柔、爽口的酒。红醋栗和黑色覆盆子可以混酿，并且是很有特色的一款酒。

准备：洗红醋栗，务必去除所有的果梗和叶子，然后破碎。

方法：将红醋栗倒入主发酵容器中，加入2.8升的温水、坎普登片（⅛片，用30毫升的温水溶解）、果胶酶、酵母营养剂、混合酸以及单宁，搅拌均匀。让所有的混合物静置8小时或隔夜。

将酵母溶解在50毫升温水中，静置15分钟，然后添加到混合液中。理想情况是，混合液和酵母液应该是同样的温度，21～24℃是最佳的。让所有的混合物发酵持续5～7天，确保每天将浮在液面的混合物压下去，然后压榨取汁。

余下步骤见80页"标准水果酿酒工艺的后期操作指南"。如果你确定想做一款甜酒，那么此款酒在陈酿一年后是最佳的。

无花果酒

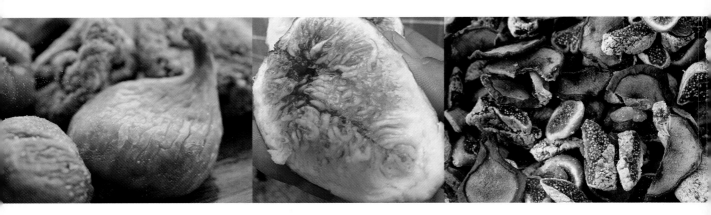

酿造3.8升无花果酒所需材料：

干无花果　1.13千克；

葡萄干　0.1千克
（我使用的是金黄色的葡萄干）；

梨干（去核和种子）　0.1千克；

糖　1.13千克；

果胶酶　1茶匙（5毫升）；

酵母营养剂　1茶匙（5毫升）；

混合酸　2茶匙（10毫升）；

单宁粉　¼茶匙（1毫升）；

坎普登片　1片；

温水　2.8升；

酵母（香槟酒用酵母）。

无花果是所有酿酒水果中我最喜欢的，它能酿造出很好的酒。新鲜的无花果在我住的地方很难找到，所以这个配方所用的无花果都是干的。如果想用新鲜的无花果，那么就要使用1.8千克的无花果。

准备： 切碎无花果、葡萄干和梨。

方法： 将水果放进主发酵容器。加入2.8升的温水、坎普登片（⅛片，用30毫升的温水溶解），以及除酵母外的其他的原料。

将酵母溶解在50毫升温水中，静置15分钟，然后添加到混合液中。理想情况是，混合液和酵母液应该是同样的温度，21～24℃是最佳的。让混合物发酵5天，确保每天将浮上来所有的材料全部打回去，5天后压榨、果汁分离。

余下步骤见80页"标准水果酿酒工艺的后期操作指南"。

葡萄酒

理想的葡萄

葡萄酒工艺配方与其他水果不同，因为葡萄是最适合用来酿酒的，它含有天然糖分、酸、单宁、色素、矿物质、维生素，甚至葡萄皮上还有野生酵母。如果想用最佳的水果酿酒，那肯定首选葡萄，它不需要再加入水或者糖。下面是一些概述，你也可以根据实际情况对工艺配方进行相应的调整。

葡萄酒的要素

白利糖度

酿酒者最先需要了解的信息就是葡萄的糖度（含糖量）；事实上，葡萄一般是在几乎完全熟透并且含糖量很高的时候收获。可以通过使用糖度计，测量出葡萄的含糖量。测量时可以选择来自同一颗葡萄藤上不同位置的葡萄，或者不同种类的葡萄，然后挤到同一容器内混合，就可得到所种植葡萄的成熟情况。

如果葡萄过于成熟，那就意味着很高的含糖量，可以在果浆中加入一些水进行稀释。酒精含量太高的酒其实不是很好，但是含有一定的酒精量有助于酒的储存。如含糖量过低，那么酿酒者应该适当加入糖，也就是说，将糖溶于酒液中以增加酒精含量。

在收获葡萄时会存在很多变量。含糖量有一个大致的范围，一般而言，白葡萄酒是在20～23度（白利糖度）；红葡萄酒稍微高一点，是21～23.5度（加利福尼亚葡萄通常会更高）；甜酒一般是26度；起泡酒是最低的，大约18度。

含酸量

另一个关键点是含酸量。通常，生长在气候温暖地区的葡萄，比生长在较冷地区的葡萄的含酸量要低。当葡萄成熟时，糖分增加，含酸量下降。如果含酸量太高，酿成的酒又酸又苦，解决办法就是用水稀释葡萄汁。如果含酸量太低，最后得到的酒味道寡淡、毫无生机，而且很快就会氧化，这样的酒很难进行陈酿，解决方法就是发酵时加入部分酸。

收获量

用葡萄酿酒，通常来说，6.8千克的葡萄可以得到3.8升的葡萄汁，但我发现有时候很难达到这个数量。有些品种的葡萄出汁率可能会高一些。所以为了得到更多的葡萄汁，我一般情况下会用6.8～9千克的葡萄，千万不要少于这个数量。

葡萄皮的接触时间

在制作白葡萄酒时，一定要尽可能减少葡萄汁同皮和葡萄果肉的接触时间，而且要低温发酵。在酿造红葡萄酒时，要尽可能多点时间让葡萄皮和葡萄果肉冷浸泡，然后在较高温度下进行发酵。

橡木的使用

不要过量使用橡木。在操作时可以将部分酒使用橡木，留出部分酒液不加入橡木，这样如果想要减少橡木味含量，就可以方便调整。

土壤

土壤是指葡萄生长的地区的土质。以下会介绍几种不同的红葡萄酒和白葡萄酒的知识和酿酒方式。一般而言，葡萄酒工艺都会有不同程度的相似，但是葡萄生长的土壤却完全不同。不论葡萄生长在哪里，都可以酿造出有特色的葡萄酒，也可以自信地与朋友、家人和酿酒伙伴一起分享。

过去，人们把压碎的葡萄放在任何能够使用的容器内（水槽、动物皮、陶瓷制品）自然发酵，然后把酒装到容器里，用芦苇或者稻草作塞子，用泥密封起来。这么多年过去了，我们尽管也在酿酒，但幸运的是，从破碎葡萄后，有多种多样的酵母菌可以选择，还有更好的容器进行发酵、装瓶。我一直记得克利夫顿·费迪曼的话："每品尝一口葡萄酒，就仿如在品味人类历史长河里的一滴甘泉。"

通常的葡萄酒配方参考

一般而言，制作3.8升酒需要6.8～9千克的葡萄，一片坎普登片和酵母。另外，也需要酸、糖、果胶酶或者酵母营养素。下面是根据具体的葡萄种类，提供了具体的方法。

葡萄酒酿造工艺

多年前，我受邀和一些有经验的酿酒师一起工作，和他们分享了用1632千克加利福尼亚葡萄酿酒的体验。在此跟大家分享一下酿葡萄酒的过程，我用照片的形式介绍这个有趣的故事。

汤姆·夏洛克买来了这些葡萄并且设计了酿造工艺。我们一起完成了酿造葡萄酒的每一个步骤，在这期间不仅品尝到了许多美酒、美食，还有音乐和欢笑伴随着我们。我们一起搬葡萄，挑选葡萄，破碎，浸渍发酵。在压榨葡萄过程中还包括"切蛋糕"的步骤（在后面会提及），我们围绕着压榨机，直到榨出葡萄的最后一滴汁液为止。葡萄皮渣被用作混合肥料，几周前被撒在地里。我们把酒放到橡木桶内陈酿，最后举行了有趣的装瓶仪式。几年后，我的酒窖里还存放着当时酿的葡萄酒，它陈酿得很好，可以和朋友们在聚会的场合分享。

收获

从葡萄园刚刚采摘的新鲜葡萄

1632千克葡萄准备好，等待酿酒开始

根据葡萄种类，分类储存

把分好类的葡萄贴标签储存

破碎

将葡萄倒入破碎机里

破碎葡萄

连续破碎

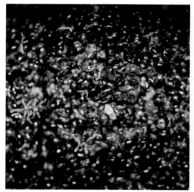

葡萄除梗之前

经分离后的葡萄梗

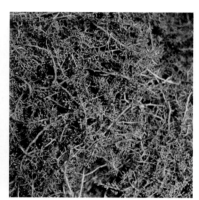

堆积的葡萄梗

清除葡萄梗，进行堆肥

葡萄汁从破碎机里流出来，通过漏斗
流到主发酵容器内

葡萄汁继续流出

冷浸渍

将破碎的葡萄放入容器内，开始冷浸渍

继续冷浸渍

做好标记

将葡萄汁从冷浸渍容器内分离出来

压榨

冷浸渍后的葡萄汁和葡萄被放入压榨机里

连续倒入葡萄汁和葡萄

压榨机快满了

压榨机内的葡萄和葡萄汁快装满了

放上盖子

准备压榨

加上方木

继续压榨

葡萄汁从压榨机内里流出来

葡萄汁流入准备好的容器内

从刚刚压榨好的葡萄汁中取样

分离皮渣

打开榨汁机

压榨完葡萄汁后，出现我们所说的"皮渣蛋糕"

"切蛋糕"，是指分离剩下的葡萄皮和葡萄籽

转移皮渣

压榨完葡萄后得到的葡萄汁被转移到主发酵容器内

对所用的工具和容器进行消毒

工艺结束

陈酿和装瓶

在橡木桶内陈酿葡萄酒

标记好葡萄酒种类和时间

装满葡萄酒瓶

打上木塞，准备储存

老藤仙粉黛红葡萄酒

酿造3.8升

老藤仙粉黛红葡萄酒所需材料：

老藤仙粉黛葡萄　9千克；
酵母营养剂　1茶匙（5毫升）；
混合酸　1茶匙（5毫升）；
坎普登片　1片；
烘烤的橡木片；
酵母（Pasteur Red）。

老藤仙粉黛红葡萄酒意味着葡萄是来自古老的仙粉黛葡萄树。葡萄树龄长，甚至有的可达上百年。在加利福尼亚州的一个葡萄园里发现了可追溯到1865年的仙粉黛老葡萄树。老藤葡萄树是酿酒师所追求的，因为葡萄树越老就能产生更多的微量元素，使酿成的酒变得更醇厚，浓厚的酒是我的钟爱。每当我听说有人要从加利福尼亚州获得葡萄时，往往首先想到的是，能否得到一些老藤仙粉黛葡萄。我第一次酿造葡萄酒就是用老藤仙粉黛葡萄，令我难以忘怀。

准备：去梗，破碎葡萄。

方法：将葡萄倒入发酵罐。添加坎普登片（⅛片，用30毫升的温水溶解）、酵母营养剂、混合酸（或复合酸）。确保每天2次将浮在液面的混合物压到液体中。

24小时之后，将酵母溶解在50毫升温水中，静置15分钟，然后添加到混合液中。理想情况是，混合液和酵母液应该是同样的温度，21～24℃是最佳的。

发酵一周，每天都要均匀搅拌，然后往酒里添加单宁粉以及香料（让混合物在较低的温度下浸泡，使酒中含有少量的单宁，让口感变得更加柔顺）。然后进行果汁压榨，让更多的果汁分离出来。将果汁转入一个大玻璃瓶中，然后根据个人的喜好添加橡木片。

3.8升酒液内加入一片坎普登片，果汁分离3周后，每两个月将容器上面的澄清酒液分离到另外一个干净的容器内，直到酒液变得澄清并且底部没有沉淀物为止。稳定剂使用坎普登片（将其溶解在50毫升的酒中）或者使用低于0.5毫升的焦亚硫酸钾。这时的酒就可以准备装瓶了，一年后品尝。

赤霞珠红葡萄酒

酿造3.8升
赤霞珠红葡萄酒所需材料：

赤霞珠葡萄　9千克；

酵母营养剂　1茶匙（5毫升）；

混合酸　1茶匙（5毫升）；

坎普登片　1片；

烘烤的橡木片；

酵母（Pasteur Red）。

　　赤霞珠是一个优秀的酿酒品种，酿成的酒非常好，具有单宁结构感、酒体饱满。赤霞珠也可以同品丽珠和美乐一起混酿。如果你有足够的耐心，这是一款可以陈酿5年或以上的酒，它会给你的自酿带来惊喜。

　　准备：去梗、破碎葡萄。

　　方法：将葡萄倒入发酵罐。添加一粒坎普登片［⅛片，用30毫升的温水溶解］、酵母营养剂以及混合酸。每天搅拌2次，目的是将浮在发酵液上面的葡萄皮混合物压下去。

　　24小时之后，将酵母溶解在50毫升温水中，静置15分钟，然后添加到混合发酵液中。理想情况是，混合液和酵母液应该是同样的温度，21~24℃是最佳的。

　　浸泡发酵一周后，转移到压榨机进行压榨、果汁分离。将果汁转移入一个大玻璃瓶中，然后根据你的喜好添加橡木片。

　　每加仑（3.8升）酒液内加入一片坎普登片，果汁分离3周后，每两个月将容器上面的澄清酒液分离到另外一个干净的容器内，直到酒液变得澄清并且底部没有沉淀物为止。稳定剂使用坎普登片（将其溶解在50毫升的酒）或者使用低于0.5毫升的焦亚硫酸钾。这时的酒就可以准备装瓶了，一年后品尝。

康科特红葡萄酒

酿造3.8升

康科特红葡萄酒所需材料：

康科特葡萄　6.8千克；

水　710毫升；

白糖　0.23千克；

果胶酶　1茶匙（5毫升）；

酵母营养剂　1茶匙（5毫升）；

坎普登片　1片；

酵母（Lalvin 71B–1122）。

康科特属于美洲狐葡萄品种。在酿造过程中我很不喜欢它散发出的那种突出强烈气味，直到在库珀丘陵农场一次品鉴会上，桑迪·维特默倒出一点酒并添加了部分糖浆后让我品尝，然而一个奇怪的事情发生了，虽然我不太爱好甜葡萄酒，但令我不可思议的是，酒开瓶后，香气优雅，口感令人非常喜爱。甜的康科特葡萄带来独特风味，让我惊讶。

除甜酒以外，还有一些提示，康科特葡萄最好在完全成熟或是在深紫色的时候采摘。和其他酒相比，它需要低温发酵，发酵温度是18～20℃，以此来减少发酵带来的狐臭味。原则上是需要搭配1份水4份果汁和糖。康科特酿成的酒并不适应橡木桶陈酿。

准备： 去梗，破碎葡萄。

方法： 将葡萄倒入发酵罐，并添加除酵母以外的所有材料。用布遮住发酵罐，静置24小时。添加酵母液或发酵剂。每天至少搅拌2次，连续3~4天，目的是将浮在发酵液上的葡萄皮混合物压下去。然后将酒液分离到另外一个容器中。

每3.8升酒液内加入一片坎普登片，果汁分离3周后，每两个月将容器上面的澄清酒液分离到另外一个干净的容器内，直到酒变得澄清并且底部没有沉淀物为止。稳定剂使用坎普登片（将其溶解在50毫升的酒中）或者使用低于0.5毫升的焦亚硫酸钾。如果要做成甜酒，建议在酒中加糖，并添加山梨酸钾。2.5毫升的山梨酸钾和坎普登片或焦亚硫酸钾一起溶解。陈酿时间为2年。

白赛瓦白葡萄酒

酿造3.8升

白赛瓦白葡萄酒所需材料：

白赛瓦葡萄　9千克；
酵母营养剂　1茶匙（5毫升）；
混合酸　½茶匙（2.5毫升）；
糖　0.34千克
（用470毫升的温水溶解）；
坎普登片　1片；
烘烤的橡木片；
酵母（Lalvin K1-V1116）。

白赛瓦葡萄是一个杂交品种，非常适合在寒冷的地区种植。我庆幸它可以栽培在库珀丘陵农场的葡萄园里。对于这款酒，我的目标是酿造一款清爽型干酒、有轻微的橡木味香，带有土壤和矿物味道的白葡萄酒。

我选择低温发酵，目的是保留葡萄原有的果香，所以对于酵母的选择是非常重要的。白丘产区的酵母比较适合，但我使用的是K1-V1116酵母，因为它能够抑制野生酵母的生长，快速启动发酵，并且还能够在温度低于10℃时完成恒定和彻底的发酵。K1-V1116酵母可使酿成后的酒保持新鲜的葡萄果香，相对其他酵母，酿成的酒不但果香好而且持续时间长。

准备： 除梗，然后破碎葡萄并立即压榨葡萄汁，最低限度缩短葡萄汁和葡萄皮的接触时间。

方法：将葡萄汁倒入发酵罐，添加坎普登片（⅛片，用30毫升的温水去溶解）、酵母营养剂、混合酸以及溶解在温水中的糖。

24小时之后，将酵母溶解在50毫升温水中，静置15分钟，然后添加到混合液中。理想情况是，混合液和酵母液应该是同样的温度，21～24℃是最佳的。5天后果汁分离。

完成发酵之后，继续将酒放置在一个低温的环境下，13℃是最理想的。添加橡木（量的多少取决于你自己）。

发酵终止之后，酒的澄清是非常重要的，因为静置期间其他的味道会影响酒质。在10天后分离底部沉淀物取上面澄清液。以后每个月都要多次重复以上操作，直到容器的底部没有任何酵母的残留物、酒液变得非常干净为止。稳定剂使用坎普登片，将其先用50毫升的酒溶解然后加入酒中，或者使用低于0.5毫升的焦亚硫酸钾加入酒中。6个月之后品尝酒，然后装瓶。

威代尔白葡萄酒

酿造3.8升威代尔白葡萄酒所需材料：

威代尔葡萄　9千克；
酵母营养剂　1茶匙（5毫升）；
坎普登片　1片；
烘烤的橡木片；
酵母（Lalvin K1–V1116）。

威代尔是一个耐寒的葡萄品种，种植在库珀丘陵农场葡萄园里。它是一个常用的酿酒葡萄品种，最初用于酿造白兰地。葡萄皮厚，自然酸度高，它也可以用来酿干葡萄酒以及甜葡萄酒。威代尔可以酿一款果香浓郁以及口感醇厚的酒。因为它冬季耐寒，是美国北部以及加拿大用于酿造冰酒的重要葡萄品种。

准备：除梗，破碎葡萄并且立即压榨葡萄，最低限制地减少葡萄皮与葡萄汁的接触时间。

方法：将葡萄汁倒入发酵罐，添加坎普登片（⅛片，用30毫升的温水去溶解）和酵母营养剂。

24小时后，将酵母溶解在50毫升温水中，静置15分钟，然后添加到混合液中。理想情况是，混合液和酵母液应该是同样的温度，21~24℃是最佳的。

在发酵结束后需要尽快分离酒汁，添加橡木（添加量取决于个人喜好）。请记住在发酵和储存酒时，需要在低温的环境下，13℃是理想的。

发酵终止之后，酒的澄清是非常重要的，因为静置期间其他的味道会影响酒质。10天后分离底部沉淀物取上面澄清液。以后每个月都要多次重复以上操作，直到容器的底部没有任何酵母的残留物，酒液变得非常干净为止。稳定剂使用坎普登片，将其先用50毫升的酒液溶解然后加入酒中，或者使用低于0.5毫升的焦亚硫酸钾加入酒中。这款酒应该在年轻的时候装瓶，以享用新酒带来的乐趣。

雷司令白葡萄酒

酿造3.8升雷司令白葡萄酒
所需材料：

雷司令葡萄　9千克；
酵母营养剂　1茶匙（5毫升）；
坎普登片　1片；
酵母（Lalvin　K1-V1116）。

雷司令也是一款非常流行及常用的酿酒葡萄。我是在库珀丘陵农场山上找到的。有一天，我接到电话得知有些葡萄还挂在树上，并问我是否需要采摘时，我欣然答应。虽然我酿酒时喜欢添加橡木，但实验后发现这款酒不适合使用橡木。

准备：去梗，破碎葡萄并且立即压榨葡萄汁，最低限度地缩短葡萄皮与葡萄汁的接触时间。

方法：将葡萄汁倒入发酵罐，添加坎普登片（⅛片，用30毫升的温水去溶解）和酵母营养剂24小时之后，将酵母溶解在50毫升温水中，静置15分钟，然后添加到混合液中。理想的情况是，混合液和酵母液应该是同样的温度，21~24℃是最佳的。

在发酵终止之后需要尽快分离酒汁。请记住发酵和储酒需要在一个温度比较低冷的环境下，13℃是理想的。

发酵终止之后，酒的澄清是非常重要的，因为静置期间其他味道会影响酒质。10天后分离底部沉淀物并取上面澄清液。以后每个月都要多次重复以上操作，直到容器的底部没有任何酵母的残留物，酒液变得非常干净为止。稳定剂使用坎普登片，将其先用50毫升的酒溶解然后加入酒中，或者使用低于0.5毫升的焦亚硫酸钾加入酒中，然后装瓶。雷司令，尤其是甜酒，有的时候需要延长其陈酿时间。我建议这款酒应该在3~6个月之后饮用，在此期间要经常进行品尝，由此来评价酒的陈酿状况，从而确定最佳的饮用期。

寻找加利福尼亚葡萄之旅

　　有一年，我们这些自酿者都去了外地，回来后发现葡萄已经提前一周成熟了。我知道收获葡萄有点晚了，时间虽然很紧张，但我们不想放弃这一年的葡萄收获，我便疯狂地通过电话和网络寻找加利福尼亚葡萄，并且准备使用卡车来运输这些葡萄。

　　但是我没法找到葡萄园的具体位置。尽管如此，我还是匆匆忙忙开车出发了。费尽周折到了目的地之后，我惊讶地发现这是一个超大的葡萄园，我的大卡车竟然在葡萄拖车面前显得格外渺小。这个葡萄园有着令人生畏的大门，右侧的犬吠也很恐惧。这时才发现我的卡车在这么多箱的葡萄面前，显然不够用，我忍不住想多装些，最终还尽力装满了带来的两个49.2升的大桶。

　　这绝对是一场美妙的旅行。在回家的路上，我在酿酒用品商店前停下，之前因为这里太远而未来过。本来我要寻找一种特殊的酵母，但当我进门后却发现了最吸引我的是那个可爱的榨汁桶，我想尽一切办法把它装进了本来已经满满的车厢里。下面是一些这次寻找仙粉黛和赤霞珠葡萄之旅的照片。

S&S
Winegrapes
at
Sudano's
Produce

桑葚酒

酿造3.8升桑葚酒所需材料：

桑葚　1.6千克；

糖　0.7千克；

果胶酶　1茶匙（5毫升）；

酵母营养剂　1茶匙（5毫升）；

混合酸　½茶匙（2.5毫升）；

坎普登片　1片；

温水　2.8升；

酵母（EC-1118）。

　　桑葚并不是我最喜欢的酿酒水果，但它的价格较低，同时桑葚树随着树龄的增长果实产量会很高。它也可以同其他的原料一起混酿，让酒变得更有特色。我鼓励大家创新。

　　准备：洗干净桑葚，桑葚很快会变得软塌塌的，所以不要耽误时间。不要使用不成熟的或过熟的水果，去除果梗和叶子，然后轻轻地将水果破碎。

方法：将水果放进发酵罐。倒入2.8升的温水、坎普登片（⅛片，用30毫升的温水溶解），以及除酵母外的其他原料。确保每天两次将浮在液面上的混合物压到液体中。

24小时之后，将酵母溶解在50毫升温水中，静置15分钟，然后添加到混合液中。理想情况是，混合液和酵母液应该是同样的温度，21~24℃是最佳的。5天后压榨、果汁分离。

其余步骤见80页"标准水果酿酒工艺的后期操作指南"。如果你想酿造甜酒，当陈酿一年后，会是一款口感不错的酒。

西芹酒

酿造3.8升西芹酒所需材料：

新鲜西芹（我喜欢使用意大利的
平叶，你可以使用你能买到的
品种或者混合） 0.45千克；
橘子汁，不要种子和果肉
（我使用的是橘柚或者任何
美味的橘子汁） 2个；
柠檬汁，不要种子和果肉 2个；
糖 1.13千克；
果胶酶 ½茶匙（2.5毫升）；
酵母营养剂 1茶匙（5毫升）；
酵母能量剂 ½茶匙（2.5毫升）；
混合酸 4茶匙（20毫升）；
单宁粉 ½茶匙（2.5毫升）；
坎普登片 1片；
温水 2.8升；
酵母（71B-1122）。

西芹酒是另外一款令人难以置信的惊喜了，我甚至不确定
为什么我会尝试这款酒。西芹酒让我感到很好奇。

准备：洗西芹，并将其扯碎，你可以使用根茎、叶子或者
全部。混合水、橘子汁和柠檬皮，然后将西芹放一个盆里，并
在炉子上煮沸20分钟。

方法：过滤混合液，然后将混合液转入发酵罐中并添加白
砂糖，搅拌均匀，直到糖全部融化。当液体达到常温的时候，
通常低于24℃。除酵母外，加入橘子汁和柠檬汁以及其他所有
原材料。

将酵母溶解在50毫升温水中，静置15分钟，然后添加到
混合液中。理想情况是，混合液和酵母液应该是同样的温度，
21~24℃是最佳的。4或5天后压榨取汁。

其余步骤见80页"标准水果酿酒工艺的后期操作指南"。

木瓜酒

期待着把路边地里的木瓜酿成醇美的酒。我承认，制作木瓜酒真的不好玩，因为木瓜不是常见的水果，而且去皮和除木瓜籽非常麻烦，比清理其他水果要费劲得多，不过木瓜酒真的非常醇美，如果你手头有木瓜，也有时间的话，制作木瓜酒虽然费时费力，但是真的值得一试。

准备： 洗木瓜、去皮、除籽。这个过程有点繁琐。在去籽的时候，在旁边准备一个小的容器，里面放一些水，把不要的籽放到里面。在清洗木瓜时，将木瓜放到水中去籽，这样以便留下的部分全部能用来发酵。破碎木瓜。

方法： 将木瓜放到主发酵容器内。加入2.8升的温水，加入坎普登片（⅛片，用30毫升温水溶解）、果胶酶、营养素、酸液和单宁。充分混合，然后静置8小时或者一整晚。

用50毫升的温水来溶解酵母，放置15分钟，然后将酵母加入酒液内。最理想的是，酒液和溶解后的酵母应该处于同一温度下：21～24℃最完美。让它发酵一周，然后分离酒液。

按照"标准水果酿酒工艺的后期操作指南"（见80页）。这种酒需要分离多次，将酒液澄清。如果能陈酿一年会更好。

酿造3.8升木瓜酒所需材料：

木瓜	1.36千克；
糖	1千克；
果胶酶	1茶匙（5毫升）；
酵母营养素	1茶匙（5毫升）；
混合酸	1½茶匙（7.5毫升）；
单宁粉	½茶匙（2.5毫升）；
坎普登片	1片；
温水	2.8升；
酵母（香槟酒用酵母）。	

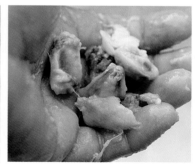

桃酒

酿造3.8升桃酒所需材料：

桃子　1.36千克；

白糖　0.9千克；

果胶酶　1茶匙（5毫升）；

酵母营养剂　1茶匙（5毫升）；

酵母能量剂　½茶匙（2.5毫升）；

混合酸　1½茶匙（7.5毫升）；

单宁粉　¼茶匙（1毫升）；

坎普登片　1片；

温水　2.8升；

酵母（香槟酒用酵母）。

在我看来，桃酒和草莓酒比较相似。要我忍住不去吃那些熟透美味的水果非常困难。当喝桃酒的时候，也总能让我想到夏日时光。我同时也喜欢享受制作姜桃酒和生姜覆盆子酒带来的乐趣。带核的果子比较难以清理，关于制作水果酒的第二种方式，可以参阅第92页杏子酒的制作方法。

准备：清洗干净桃子，选用那些硬的、成熟的以及没坏的；切除任何坏了的地方。除去核，如果想要点果仁味的话可以保留一部分核。切桃子。

方法：将桃子倒入发酵罐里，混合除酵母外的所有材料。用布盖着发酵罐2个小时。

24小时之后，将酵母溶解在50毫升温水中，静置15分钟，然后添加到混合液中。理想情况是，混合液和酵母液应该是同样的温度，21～24℃是最佳的。3天后压榨、果汁分离。

其余步骤见80页"标准水果酿酒工艺的后期操作指南"。

梨酒

酿造3.8升梨酒所需材料：

梨切碎的，将里面核去掉（成熟的、甜的及多汁的）　2.7千克；

金黄色葡萄干（切碎的）　0.23千克；

柠檬汁，滤去种子和果肉　½个；

白糖　1.36千克；

果胶酶　½茶匙（2.5毫升）；

酵母营养剂　1茶匙（5毫升）；

酵母能量剂　½茶匙（2.5毫升）；

混合酸　1茶匙（5毫升）；

坎普登片　1片；

温水　2.8升；

酵母（71B-1127）。

梨有很多的形状和大小，不同品种口味特征各异。我尝试了许多的品种，但至今也没酿造出令我满意的梨酒。即便如此，我还是会继续酿造，希望最终能够创造出醇美的梨酒。我计划下批酿造梨酒的时候会加入一些晒干了的梨，以增加它的风味。

准备：洗干净梨，去核并切掉任何坏了的地方，将梨切碎。

方法：将梨倒入发酵罐，然后加入切碎的葡萄干、柠檬汁、糖及果胶酶、酵母营养剂、酵母能量剂、混合酸以及坎普登片（⅛片，用30毫升温水溶解），搅拌均匀，直到所有的混合物全部溶解。让混合液静置8小时或隔夜。

将酵母溶解在50毫升温水中，静置15分钟，然后添加到混合液中。理想情况是，混合液和酵母液应该是同样的温度，21~24℃是最佳的。一天2次将浮在液面的混合物压到液体中。5天后压榨取汁。

其余步骤见80页"标准水果酿酒工艺的后期操作指南"。

李子酒

酿造3.8升李子酒所需材料：

李子　1.8千克；

白糖　0.9千克；

果胶酶　1茶匙（5毫升）；

酵母营养剂　1茶匙（5毫升）；

酵母能量剂　½茶匙（2.5毫升）；

混合酸　1½茶匙（7.5毫升）；

单宁粉　¼茶匙（1毫升）；

坎普登片　1片；

温水　2.8升；

酵母（香槟酒用酵母）。

李子酿酒会给你带来惊喜。李子有很多不同的品种，外观有黄色的、红色的、洋红色的和深暗紫色的。不同品种的李子果肉颜色各异，口感有甜的，酸的，有的是既甜又酸，所有的都非常好，当它们混酿之后，会变得很神奇。但是带核的水果（杏子、李子、桃子以及杏李）很难澄清。见第92页杏子的酿酒配方，用第二种方法酿造带核的水果。

准备：洗干净李子。使用那些硬的、成熟的以及没坏的李子。把那些坏了的地方去除，除核，然后切李子。

方法：将李子倒入发酵罐，除酵母外，搅拌所有的混合物后，让其静置24小时以上。

24小时之后，将酵母溶解在50毫升温水中，静置15分钟，然后添加到混合液中。理想情况是，混合液和酵母液应该是同样的温度，21～24℃是最佳的。3天后压榨取汁。

其余步骤见80页"标准水果酿酒工艺的后期操作指南"。

杏李酒

酿造3.8升杏李酒所需材料：

杏李　1.36千克；

糖　1千克；

果胶酶　1茶匙（5毫升）；

酵母营养剂　1茶匙（5毫升）；

酵母能量剂　½茶匙（2.5毫升）；

混合酸　1½茶匙（7.5毫升）；

单宁粉　¼茶匙（1毫升）；

坎普登片　1片；

温水　2.8升；

酵母（香槟酒用酵母）。

杏李是水果中的新贵，外观很漂亮，它是由李子和杏子杂交而成，果实外形类似李子，个头接近杏子，果肉香甜。我是植物遗传学的爱好者，这些水果的创造者是加利福尼亚的水果专家卢瑟·伯班克在10世纪末期，使用50：50的李子和杏子进行杂交而成的水果。他使用这种技术曾发明了上百种坚果、水果以及花。

准备： 洗干净杏李，用那些硬的、成熟的以及没坏的杏李，切除任何坏了的地方。去核，然后切杏李。

方法： 将杏李倒入发酵罐，除酵母外，搅拌均匀所有的混合物。盖好发酵罐，并让所有的混合物静置24小时以上。

24小时之后，将酵母溶解在50毫升温水中，静置15分钟，然后添加到混合液中。理想情况是，混合液和酵母液应该是同样的温度，21～24℃是最佳的。3天后压榨、果汁分离。

其余步骤见80页"标准水果酿酒工艺的后期操作指南"。

南瓜酒

酿造3.8升南瓜酒所需材料：

南瓜，切碎或者磨成很小片，
除去里面的籽
（我使用的是Kobocha南瓜，
任何甜的南瓜都可以）1.36千克；
苹果，切碎、去核［我用的是
绿苹果（澳大利亚的一种青苹果）
和蜂蜜］2个；
葡萄干，切碎（我用的是50∶50
的金黄葡萄干和黑葡萄干）
0.23千克；
柠檬汁，去籽和果肉 ½个；
白糖 1.13千克；
果胶酶 ½茶匙（2.5毫升）；
酵母营养剂 1茶匙（5毫升）；
酵母能量剂 ½茶匙（2.5毫升）；
混合酸 1½茶匙（7.5毫升）；
坎普登片 1片；
温水 2.8升；
调味品（姜片、肉桂和丁香）；
酵母（71B-1127）。

任何种类的南瓜都可以用来酿酒。但切南瓜很费力，需要锋利的刀和耐心，不过很值得。酿造时不要过度添加调味料。

准备： 将洗干净的南瓜和苹果切碎。

方法： 将南瓜和苹果倒入发酵罐，添加切碎的葡萄干、柠檬汁和糖以及果胶酶、酵母营养剂、酵母加强剂、混合酸、坎普登片（⅛片，用30毫升的温水溶解），均匀搅拌，直到所有的混合物溶解。让混合液静置至少8小时或隔夜。

将酵母溶解在50毫升温水中，静置15分钟，然后添加到混合液中。理想情况是，混合液和酵母液应该是同样的温度，21～24℃是最佳的。发酵5天，确保每天2次将浮在液面的混合物压到液体中。然后压榨取汁。

余下步骤见80页"标准水果酿酒工艺的后期操作指南"。

树莓酒

酿造3.8升树莓酒所需材料:

树莓(红的、黑的或者两者都有的)
1.36千克;

糖 1千克;

果胶酶 1茶匙(5毫升);

酵母营养剂 1茶匙(5毫升);

混合酸 ½茶匙(2.5毫升);

坎普登片 1片;

温水 2.8升;

酵母(EC-1118)。

树莓酒拥有独特而醇美的风味,我特别喜欢使用不同品种的树莓进行混酿,味道醇厚,我建议将这款酒做成甜酒。

准备: 洗干净水果,因为树莓容易变软,所以要尽早加工,不要耽误时间。请不要使用那些没成熟或过于成熟的树莓。去掉果梗和叶子,破碎水果,注意不要压碎种子。

　　方法： 将树莓倒入主发酵罐，添加2.8升的温水和坎普登片（⅛片，用30毫升的温水溶解）。连续4天，确保每天一次将浮在液面的混合物压到液体中。加糖、果胶酶、酵母营养剂以及混合酸，均匀搅拌。

　　将酵母溶解在50毫升温水中，静置15分钟，然后添加到混合液中。理想情况是，混合液和酵母液应该是同样的温度，21~24℃是最佳的。发酵时间为5~7天，然后压榨、果汁分离。

　　余下步骤见80页"标准水果酿酒工艺的后期操作指南"。如果你决定做甜酒，那么这款酒是很好的选择，陈酿需要一年。

草莓酒

酿造3.8升草莓酒所需材料：

草莓 1.36千克；

白糖 1.13千克；

果胶酶 1茶匙（5毫升）；

酵母营养剂 1茶匙（5毫升）；

酵母能量剂 ½茶匙（2.5毫升）；

混合酸 2茶匙（10毫升）；

单宁粉 ¼茶匙（1毫升）；

坎普登片 1片；

温水 2.8升；

酵母（香槟酒用酵母）。

品尝一小口草莓酒就像是酌了一口甜蜜的夏日。在一个寒冷的冬季，我发现水管冻上了，我拿着加热器去地窖加热水管，就在这时，发现了半瓶我忘记了的草莓酒（我还以为已经喝完了）。那晚，在火炉旁边享用这瓶草莓酒带给我的欢愉是无法形容的，这真的让我找回了夏日的感觉。

准备：捣碎水果。我曾听说草莓的籽虽然很小，但是却会影响草莓酒的香味。我试过带籽和不带籽的两种酿酒方式，但是我并不觉得草莓籽对香味有所污染。如果你不想冒着被草莓籽污染的风险，解决方法也很简单，在工艺中加上过滤的环节就可以。

方法：将水果倒入主发酵罐。添加糖、坎普登片（⅛片，用30毫升的温水溶解）、果胶酶以及2.8升的温水，均匀搅拌。让混合液静置3天。压榨取汁，去掉任何的固体颗粒，包括种粒。

添加酵母营养剂、酵母能量剂、酸和单宁。24小时之后，将酵母溶解在50毫升温水中，静置15分钟，然后添加到混合液中。理想情况是，混合液和酵母液应该是同样的温度，21~24℃是最佳的。发酵一周后压榨、果汁分离。

余下步骤见80页"标准水果酿酒工艺的后期操作指南"。如需做甜酒，建议经陈酿一年后再装瓶。

西瓜酒

酿造3.8升西瓜酒所需材料：

西瓜（用西瓜的中心部分，
将西瓜种子去掉） 1.36千克；

白砂糖 0.9千克；

果胶酶 1/2茶匙（2.5毫升）；

酵母营养剂 1茶匙（5毫升）；

混合酸 2茶匙（10毫升）；

坎普登片 1片；

水 3.8升（大约）；

酵母（EC-1118）。

西瓜酒是一款非比寻常的酒。我第一次做的时候，是在参加一场曲棍球比赛时，看到一位老太太想扔掉两大包已经切开的西瓜和葡萄，我跟她说，我想将它们进行发酵。后来出乎意料的是，西瓜酒最终酿造成功。

最可口的西瓜是那些带籽的老品种。的确，去籽这项工作是很费劲的，在酿酒的时候，我使用一些带籽和不带籽的混合，它们不会有太大影响，但是只能使用西瓜甜的那部分，靠近西瓜皮的那部分果肉酿酒不会有任何口感，甚至会让人感到不愉快。在酿酒中，西瓜是一个让人非常难以捉摸的水果。

准备：洗干净西瓜，将西瓜切成块。

方法：将西瓜倒入发酵罐，添加坎普登片（⅛片，用30毫升的温水溶解）以及除酵母外的其他原材料。每天2次将浮上来的混合物轻轻压下去。24小时之后，将酵母溶解在50毫升温水中，静置15分钟，然后添加到混合液中。理想情况是，混合液和酵母液应该是同样的温度，21～24℃是最佳的。让混合物发酵3天后压榨，进行果汁分离。

余下步骤见80页"标准水果酿酒工艺的后期操作指南"。这款酒如果做成甜酒，需要陈酿一年，效果非常好。

桑格利亚汽酒

白糖　0.05千克；

水　120毫升；

长梗的大黄，切丁　2根；

橙子　1个，切薄片；

柠檬　1个，切薄片；

新鲜的，成熟的红草莓，切薄片　2或3把；

桑葚　1把；

香朗姆酒　1或2滴（可选的）；

霞多丽　1瓶（750毫升）；

圣培露含汽果汁　1罐；

橘子桃子芒果汁（或橙子汁或红橙汁）　120毫升；

柠檬和马鞍草　少量。

拥有一杯桑格利亚汽酒会使你度过夏天最佳的快乐时光。桑格利亚汽酒意味着轻松愉快、幽静、闲聊以及欢乐。准备一些小零食，手边有一杯桑格利亚汽酒。这是一款非常受欢迎的解暑消遣饮品。

桑格利亚汽酒有很多配方，最典型是以葡萄酒为基酒，用当季时令水果浸泡，再加入一些柠檬汽水或朗姆、白兰地等之类的酒混合而成。这一款酒添加草莓大黄后味道也非常甜美。

方法： 将白砂糖和水混合后，煮沸。添加两根已经切丁的大黄（没根茎或叶子），冷却至室温。如果找不到大黄，可以使用姜或者干胡椒代替。

在玻璃杯中，添加已经切成薄片的橙子、柠檬以及草莓。我会添加一把桑葚进去。如果想让它变得更加吸引人，加一滴或两滴朗姆酒。我更喜欢使用加香朗姆酒，不过淡朗姆酒和黑朗姆酒也是很令人愉快的。加一点霞多丽干白和圣培露含汽果汁（也可以用汤利水或者苏打水来替代）。添加橙子、桃子、芒果果汁。

我用漂亮的柠檬和马鞍草来装饰酒杯。

加香料的热饮酒

红酒（我用的是口味醇厚的酒，
如赤霞珠、仙粉黛或者美乐）
1瓶（750毫升）；

白兰地 50毫升；

丁香 少量；

肉桂棒 1或2个；

新鲜姜汁（如果是干姜的话，
用一点即可）½到1茶匙
（2.5毫升到5毫升）；

多香果 1茶匙；

干胡椒 少量；

蜂蜜或糖 0.07～0.1千克；

橙子榨出汁（保留一些橙子皮来
装饰）2个；

苹果，切成楔形（我喜欢青苹果
带来的尖酸）1个。

如同桑格利亚汽酒，加香料的热饮酒也是一款经典酒品，有许多品种，大多数是需要加热的，它是用深红色的葡萄酒或者是波特酒、烈性酒、柑橘和一些甜的东西混合而成。它们中的许多配方都使用白兰地以及朗姆酒来进行强化。加香料的热饮酒是用于冬天圣诞节假期的传统饮品。通过对古代和现代配方的研究对比发现，从英国维多利亚时代到德国、奥地利（它被翻译为了Glow-Wine）、北欧国家、荷兰、法国、保加利亚及很多国家所用的配方和材料都非常相似。这些配方是很美妙的，如果饮用后有剩下的，也可以用来做一些美味的食物。

方法：混合所有原料，然后缓缓加热，但不要到煮沸的状态，偶尔搅拌一下，20分钟之后用一些苹果皮和切薄的苹果来装饰。虽然这是一个需要加热的美食，但是如果用来酿酒的话肯定会有好的效果。

第四部分
享受美酒

酒已酿好，并且装瓶完毕，接下来就是要同朋友一起分享美酒。这一部分会了解到各种不同种类的酒杯、酒的品尝温度、葡萄酒与食物的搭配以及如何品尝葡萄酒。还有一位大厨要同我们一起分享关于食物和葡萄酒搭配的建议。读完这一部分后，尽管你之前不太了解品酒知识，但是你会发现自己也像一名专家了。

配套器具

在旧货商店或者庭院旧货出售中，会发现很不错的品酒配套器具。我自己曾经淘到一个陶土瓦罐，它可以在野餐时用来放置冷藏的霞多丽酒，还有醒酒器、冰桶、野餐篮和开瓶器等。我还买过一些厨房的小器件，并改造成酿酒工具，它们都非常实用，当你出门的时候，可以留意一下，这些东西能增添许多乐趣，而且适合带到一些特殊场合。

葡萄酒杯

在享受美酒时，葡萄酒杯是必不可少的东西。针对不同的葡萄酒，人们设计了各种各样的酒杯。酒杯的形状不仅在很大程度上影响葡萄酒的果香或酒香，也会影响到葡萄酒的口感。酒杯外观应该无色、薄壁而透明，这样可以充分展示葡萄酒的色泽。另外，杯肚应该足够大，以便空气进入与酒接触，从而散发葡萄酒的香味。葡萄酒杯的杯柄可以避免手与杯肚接触，以保持杯中葡萄酒温度，而且也可以避免指纹或者手上污点影响葡萄酒的色泽。

下一页的表格中，展示了五种形状、大小各异的酒杯和它们的用途。通常，酒杯的杯肚越大，越能更好地保留酒的香气，所以这样的酒杯非常适合红葡萄酒，因为红葡萄酒需要更多的时间醒酒。而饮用白葡萄酒时，应该使用杯肚和杯口狭长的酒杯，这样容易聚集葡萄酒的香气，减少酒与空气接触面积，降低葡萄酒氧化的速度（这可能会消除白葡萄酒香味上细微的差别）。香槟和起泡酒都需要用细长的酒杯，也就是笛形杯。这个形状的酒杯可以使酒液面积最小，能保证气泡不轻易散掉。甜酒杯应该更小，这样能方便将酒吸入口中，直接流向位于舌尖的甜味区。

一些品酒的小器件会非常有用，例如陶土瓦罐，它可以在野餐时用来放置冷藏的霞多丽酒，还有醒酒器、冰桶、野餐篮和开瓶器。

葡萄酒杯

	酒杯形状	酒的种类	杯肚的形状	说明
❶		标准（通用）	中等大小和形状	如果想买一款可以喝各种酒的酒杯，可选这种通用杯
❷		淡红酒	大，非常圆	酒面非常低
❸		浓红酒	大，圆	酒面高度较低
❹		白葡萄酒	小而细	酒面很高
❺		气泡/香槟	小，非常狭窄	酒面接近杯口
❻		甜酒	非常小，狭窄	酒面到一半高度

作为一名极简主义者，我是酒杯爱好者，不仅喜欢它们的外形，也喜欢它们的功能。我尽量不买太多的酒杯，有这五种酒杯已经足够使用，不过我还喜欢一种特殊的酒杯，就是红酒吸管酒杯，这种稻草般细小的吸管酒杯，只是为了开心而已。用这种酒杯喝酒时，首先品尝到的是杯子底部的酒，所以可以先喝到氧化最少的酒。我起初的时候还有点怀疑，但是喝了一些之后，我忍不住想要尝尝杯子上面的酒。我是用一种好奇的心理去探索它们之间的区别。

关于玻璃器具，我想提醒一下，所有的玻璃器具一定要清洁，要反复冲洗，这样才能保证下次倒入的酒不会被污染。

温度

温度就像酒杯一样，是品尝和享受美酒另外一个很重要的因素。如果酒温度过高，会使酒精味变浓，如果酒温度过低，会使酒的芳香减弱。干白、玫瑰酒、甜酒和起泡酒的最佳饮用温度是5～10℃。低酒精度的水果酒和浓葡萄酒的最佳饮用温度是10～15℃。

葡萄酒适饮温度

葡萄酒类型	适饮温度
干白、桃红酒、甜酒、气泡酒	5～10℃
低酒精度水果红酒、浓白葡萄酒	10～15℃
浓红葡萄酒、波特酒	15～18℃

最后，浓红葡萄酒和波特酒的最佳饮用温度是15～18℃。通常，白葡萄酒需要放在冰箱里冷藏一到两个小时；如果是浓白葡萄酒，45分钟即可。如果红葡萄酒温度有点高，需要把它放在冰箱内冷藏15～20分钟。香槟酒需要冷藏两个小时，而甜酒需要一个半小时；波特酒室温就可以。身边没有冰桶的情况下，可以在家里试一试这种方法：把冰、水和一小把盐放入桶里，只需要五六分钟酒就会变凉。

滗酒和醒酒

如果葡萄酒开瓶后，想要醒酒或者倒瓶，这些步骤需要时间，要提前做好准备。如果是开一瓶红葡萄酒，需要提早打开，让温度升高并且让空气充分和酒接触，使酒的芳香散发出来，这时酒的口感会更加柔和。通常醒酒时间是15～20分钟；而年份短的葡萄酒醒酒时间可能需要一个小时。

倒瓶也可以使酒液暴露在空气中。其实还有很多器具可以将葡萄酒暴露在空气中，所有你用来倾倒葡萄酒的漏斗、搅拌器，起泡器甚至是金属盘子都可以用来醒酒。一般而言，葡萄酒越浓，需要的醒酒时间越长，效果越好。但是，要记住不要将陈酒醒酒太久，因为可能因时间太久而失去酒香。我非常喜欢将酒进行对比，试试短时间醒酒和长时间醒酒的区别，记录下它们之间的不同。

如果酒里有沉淀物，倾倒葡萄酒会更好些。滗酒就是将大部分的酒从瓶子内倒出来，把沉淀物剩在瓶子内。滗酒的另一个目的是帮助醒酒。如果你想要滗酒，要确保瓶子已经直立放置1～2天，以使沉淀物能够沉淀到瓶子底部。在明亮的光线下，看清楚沉淀物有多少，然后缓慢倒酒，当酒接近瓶底时，倒酒的速度要更加缓慢。

举办酒宴

　　享受美酒，其中最好的方式之一就是举办一次聚会。可以举办常规的聚会、化装舞会、大型或者小范围的聚会等，随你心情，任何聚会都可以。

　　我最喜欢举办的聚会就是有酒、芝士和巧克力的"聚餐"。以下是我如何举办聚会的详情：首先，用漂亮的鲜花布置会场，花瓣随意点缀，还可以用到蜡烛、提基火炬和市场上的蔬菜。新鲜水果、干果和蔬菜可以同客人带来的芝士、巧克力和葡萄酒搭配。最好自己也准备几瓶喜欢的酒，同客人一起分享。按照这一部分内容的建议，决定开酒的顺序，但是每个人也都期望有不一样的体验。可以去品味不同口味酒的芳香，这样一个夜晚，会有更多的欢声笑语。酒、芝士和巧克力，这将会是一次非常特殊又难忘的体验。

倒酒顺序

如果需要品尝多种酒，一定要以合适的顺序进行。倒酒的程序是：先白葡萄酒后红葡萄酒，先干酒后甜酒，先淡酒后浓酒，先普通酒后强化酒，先起泡酒后非起泡酒，先新年份酒后老年份酒。

看、闻、品

学会品尝葡萄酒，可以享受到欣赏自酿葡萄酒和各类其他葡萄酒的乐趣，这个简单的过程就是看、闻、品。通过酒的香气与风味，会发现不同酒的特点。下面是对初学品酒者的一些基本建议。

首先要记住：用干净、水晶般澄澈的葡萄酒杯，这是最理想的。

观看酒的外观，除需要仔细观察颜色外，还要观察它的澄清度。在观察酒时，背景最好为白色（如果没有白墙，可以用餐巾或者桌布）。将杯子与身体保持一定距离，然后倾斜，观察酒的澄清度（有些存放几年的桃酒，可以观察到酒有多么的不清澈），通过对酒颜色的研究发现，红葡萄酒有各种各样的红色，例如红宝石色、紫红色或者是褐红色，也可能是黄褐色或者砖红色。就像白色一样，除了纯白色，还有淡黄色、淡绿色、芥末黄色、金黄色和琥珀色。另外，也要注意酒是澄清还是浑浊，是黯淡无光还是鲜亮，是否有沉淀物或者悬浮物。通过观察，还会发现陈酿酒的颜色会变暗，还会呈现褐色。有时需要转酒杯，再次观察，看看是不是依旧如此。

观察完酒的外观后，将酒在鼻前闻一下气味，摇动，使葡萄酒中的香气物质完全释放出来，先在杯口闻摇杯后的香气接着再往深处闻杯里的香气。感受学习并记录下香气的特征和强度。

最后，享受你的第一口酒，适量饮一口酒，让酒在口腔内打转，使其接触到舌头、上腭以及口腔内所有的表面，记下不同的味道（酒精味、甜味、酸味和单宁味、苦味）的不同感受部位，以及是什么时候感受到的、感觉持续的时间、感觉和强度是如何变化的。你也会留意酒在口腔内的气味，如水果味及其他味道。咽一口酒后，体味酒的风味在口中停留的时间，感受一下酒的"回味"。

食物和葡萄酒的搭配

有美食搭配美酒，是最好的享受美酒的方式。下面探讨关于葡萄酒和菜肴的搭配。

酒和食物的搭配，由来已久。酿酒和烹饪一直都是相互影响的。菜肴搭配原则，简单来讲，就是选择与酒相配的食物，这样能在酒与食物之间，享受、欣赏和尽情体现出它们的精华。

如果你在精心准备一顿美餐，可以根据下面这些简单的规则进行操作：

- 先干酒后甜酒；
- 先白酒后红酒；
- 先新年份酒后老年份酒；
- 先简单酒后复杂酒；
- 先淡酒后浓酒。

在选择菜品搭配时，酒的特性与食物特性要均衡：

- 重油、生猛的食物，需要与浓烈又厚重的酒搭配；
- 清淡的食物，需要与清淡的酒搭配；
- 辛辣的食物，需要与甜酒搭配；
- 烧烤的食物，需要与橡木酒搭配；
- 含盐的食物，需要与更甜的酒搭配；
- 甜点需要与甜酒搭配。

其实，食物和葡萄酒菜肴搭配，是非常主观的事情，因为每个人的口味都有所不同。

另外，一些传统的建议（红酒配牛肉和羊肉，白酒配鸡肉和鱼肉），这需要根据食物的具体情况进行调整，比如鸡肉也可能是味道丰富的，就需要中等酒体的红葡萄酒搭配，口感最佳。

所有的食物，都喜欢和味道相似的酒进行搭配。图中这些食物是来自美国东海岸的蛏子和芝麻菜，腌制的柠檬香蒜、大蒜、意大利面和辣椒酱菜，它们味鲜、纯净，需要与特性相似的酒相配，适应于酸度高、爽净、新鲜的白葡萄酒，如意大利的灰皮诺或加利福尼亚州的长相思

酒和食物搭配大师
泰勒·梅森

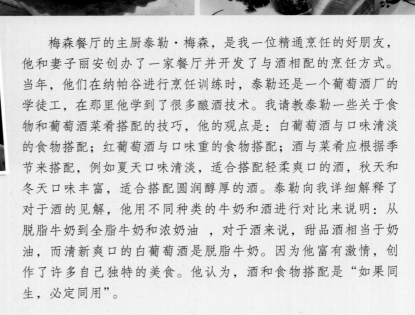

　　梅森餐厅的主厨泰勒·梅森，是我一位精通烹饪的好朋友，他和妻子丽安创办了一家餐厅并开发了与酒相配的烹饪方式。当年，他们在纳帕谷进行烹饪训练时，泰勒还是一个葡萄酒厂的学徒工，在那里他学到了很多酿酒技术。我请教泰勒一些关于食物和葡萄酒菜肴搭配的技巧，他的观点是：白葡萄酒与口味清淡的食物搭配；红葡萄酒与口味重的食物搭配；酒与菜肴应根据季节来搭配，例如夏天口味清淡，适合搭配轻柔爽口的酒，秋天和冬天口味丰富，适合搭配圆润醇厚的酒。泰勒向我详细解释了对于酒的见解，他用不同种类的牛奶和酒进行对比来说明：从脱脂牛奶到全脂牛奶和浓奶油，对于酒来说，甜品酒相当于奶油，而清新爽口的白葡萄酒是脱脂牛奶。因为他富有激情，创作了许多自己独特的美食。他认为，酒和食物搭配是"如果同生，必定同用"。

▶ 泰勒·梅森是宾夕法尼亚州兰卡斯特富有才华的主厨，他提供了许多食物和酒搭配的建议。

结束语

　　我衷心地表达对酿酒艺术发自内心的敬意！在此，我希望你能和我一样感受到酿酒艺术带来的欢乐，以及将葡萄汁或其他果汁转变成丰富多彩、芳香怡人的美酒时的迷人魅力，我也希望这本书能够启发和鼓励酿酒者大胆创新，我更希望你能够创造出并且享受到美酒带来的乐趣！

H. 沃纳 · 艾伦（H. Warner Allen）曾说过很多关于欣赏葡萄酒的话：

品完最后一滴酒，享受到的不仅是其中的缕缕芬芳，还有她那浓烈的醇香，悠长的回味，令人陶醉。此时，人们会谦逊真诚地问自己："我何德何能可以品尝并且享受如此的美味佳酿？"

作者寄语

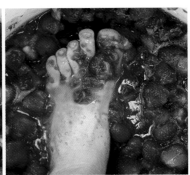

　　我一直非常喜欢"踩葡萄"的整个仪式。当我准备压碎这些漂亮的草莓时，也情不自禁地想拍下"踩草莓"的照片。

　　酿酒之外的时间，有人会发现我经常在种植或者寻找酿酒原料、拍照片、养蜜蜂并且"驯养"它们好好产蜜。我非常感谢一名专业摄影师，他找时间并在适宜的地点，拍摄了大量富有创意性的作品。几年前，我创立了BeeBees All Naturals，这是一个不错的养蜂公司，我重新装修了一个19世纪30年代的厂房，用它当作工作室和画廊，也是我养蜜蜂的地方。在重新装修的时候，我又开始了为期十年的工匠学徒生涯，一位工匠老师教会了我很多关于静心思考、认真做事的人生哲理，令我印象深刻也终生受益。

　　当我忙碌完漫长的酒庄收获季节后，又愉快地重新开始了艺术创作活动，当然这都与酿酒息息相关。我非常幸运，在我的家乡宾夕法尼亚州兰卡斯特，不仅有很多顶尖级的葡萄酒庄和酿酒厂，还有葡萄酒酿造培训机会和非常好的酿酒者社群。

　　更多内容，欢迎到我的Facebook：
www.facebook.com/pages/The-Winemaker/518112508227912。

供应商

亚当斯市葡萄酒厂，www.adamscountywinery.com
啤酒自酿探索，www.homebrewing.org
啤酒自酿场地和酿酒供应商，www.facebook.com/
　　The Beer Place Homebrew And Winemaking Supply
布鲁斯丹姆葡萄酒厂，www.bluestemwine.com
美国酿酒零售店，www.brewcraftusa.com
BSG酿酒零售店，www.bsghandcraft.com
E. C. 克劳思，www.eckraus.com
佛罗·普洛爱特酿酒用品商店，www.fallbright.com

F. H. 施泰因巴特，www.fhsteinbart.com
甜酒家庭自酿，www.homesweethomebrew.com
基本家酿用品店，www.Keystonehomebrew.com
兰卡斯特家酿，www.lancasterhomebrew.com
LD卡尔松，www.ldcarlson.com
中西部供应商，www.midwestsupplies.com
各种香料，www.moreflavor.com
北方啤酒酿造，www.northernbrewer.com
普雷克斯岛酒窖，www.piwine.com
自酿用品超市，www.scotzinbros.com
酿酒超市，www.winemakingsuperstore.com
其他资源，www.winemaking.jackkeller.net/shop.asp

*只限零售

索引

作者简介

罗里·斯塔尔（Lori Stahl）

罗里·斯塔尔来自宾夕法尼亚兰州卡斯特，是一位富有激情的酿酒爱好者。她学习了葡萄栽培学和酿酒工艺学，在酿酒厂的收获季节进行实践操作，她个人有200多次的酿酒经验。她担任*Making Award Winning Wines*（Fox Chapel Publishing, 2013）的专职编辑，她曾经亲自用脚踩过葡萄。酿酒时间之余，她会忙于种植或者寻找酿酒原料、拍照片、驯养蜜蜂等工作。

译者简介

孙立新

毕业于澳大利亚墨尔本皇家理工大学，现从事葡萄酒文化传播及国际贸易工作。

赵 兰

毕业于中国海洋大学外国语学院，现从事外语语言研究与翻译方面的工作。

审校简介

孙方勋

资深葡萄酒专家，高级酿酒师、高级品酒师、国家级评酒委员、中国葡萄酒技术委员会委员。出版过《世界葡萄酒和蒸馏酒知识》《高级调酒师教程》《葡萄酒工艺手册》（合编）、《葡萄酒职场圣经》等著作。现任青岛勋之堡酒业有限公司总经理。

窖藏佳美娜干红葡萄酒

贝娜波